BIOLOGIE HEUTE SII
entdecken

LÖSUNGEN

Schroedel

Biologie heute entdecken SII

Lösungen

Bearbeitet von
Prof. Dr. Andreas Christian
Dr. Wolfgang Jungbauer
Dr. Harald Kähler
Hans-Peter Konopka
Prof. Dr. Dirk Krüger
Dr. Johannes Müller
Dr. Andreas Paul (Hrsg.)
Dr. Frank Thomas

© 2005 Bildungshaus Schulbuchverlage
Westermann Schroedel Diesterweg Schöningh Winklers GmbH, Braunschweig
www.schroedel.de

Das Werk und seine Teile sind urheberrechtlich geschützt. Jede Nutzung in anderen als den gesetzlich zugelassenen Fällen bedarf der vorherigen schriftlichen Einwilligung des Verlages. Hinweis zu § 52 a UrhG: Weder das Werk noch seine Teile dürfen ohne eine solche Einwilligung gescannt und in ein Netzwerk eingestellt werden. Dies gilt auch für Intranets von Schulen und sonstigen Bildungseinrichtungen.

Druck A[1] / Jahr 2005

Alle Drucke der Serie A sind im Unterricht parallel verwendbar.

Bildquellen: Titelbild: Ammann/digital vision, 5: Prof. Dr. G. Wanner/Karly, 9: Rosenfeld/Mauritius, 28: NAS/Biophoto Associates/Okapia, 41: NAS/Phillips/Okapia, 47: Lichtbild-Archiv Dr. Keil, 52: Giel/Silvestris, 64: Lichtbild-Archiv Dr. Keil, 75: Dr. Paul, 82: Lederer/IFA-Bilderteam, 98: Vision/IFA-Bilderteam
Redaktion: Heike Römming, Ulrike Wallek
Illustrationen: Birgitt Biermann-Schickling, Brigitte Karnath,
Liselotte Lüddecke, Tom Menzel
Umschlaggestaltung: Janssen Kahlert Design & Kommunikation GmbH
Lay-out und Satz: IPS Ira Petersohn, Ellerbek
Druck und Bindung: pva, Druck und Medien-Dienstleistungen GmbH, Landau

ISBN 3-507-10561-6

Inhalt

Zellbiologie

1 Die Entwicklung der Zellbiologie 5
2 Untersuchungstechniken der Zellbiologie 5
3 Bau und Inhaltsstoffe der Zelle 5
4 Der Feinbau der Zelle 5

Stoffwechsel

1 Enzyme bewirken Stoffwechsel 9
2 Ernährung und Verdauung 10
3 Stoffabbau in der Zelle 10
4 Energieumsatz 13
5 Blut und Blutkreislauf 13
6 Atmung 14
7 Ausscheidung 14
8 Aufnahme und Transport von Stoffen bei Pflanzen 20
9 Aufbau von Nährstoffen bei Pflanzen 22

Genetik

1 Grundlagen der Genetik 28
2 Zellteilungen 28
3 Klassische Genetik 29
4 Molekulargenetik 32
5 Bakterien- und Virengenetik 33
6 Humangenetik 36

Fortpflanzung und Entwicklung

1 Fortpflanzung 41
2 Entwicklung bei Tier und Mensch 41
3 Entwicklung bei Samenpflanzen 41
4 Die inneren und äußeren Bedingungen der Entwicklung 44

Immunbiologie

1 Unspezifische Immunabwehr 47
2 Spezifische Immunabwehr 47

Ökologie

1 Lebewesen und ihre Umwelt 52

2 Beziehungen zwischen den Lebewesen 54

3 Populationsökologie 54

4 Ökosysteme 55

5 Umweltbelastung – Umweltschutz 55

Nerven-, Sinnes- und Hormonphysiologie

1 Vom Reiz zur Reaktion 64

2 Nervensysteme 66

3 Informationsverarbeitung im Nervensystem 67

4 Sinnessysteme 69

5 Hormonale und neuronale Steuerung 71

Verhaltensbiologie

1 Grundlagen der Verhaltensbiologie 75

2 Mechanismen der Verhaltensentwicklung 75

3 Mechanismen der Verhaltenssteuerung 75

4 Verhaltensökologie 76

Evolutionsbiologie

1 Entwicklung des Evolutionsgedankens 82

2 Belege für die Evolutionstheorie 82

3 Evolutionsmechanismen 86

4 Der Verlauf der Evolution 88

5 Die Evolution des Menschen 90

Das System der Lebewesen

1 Ein Überblick 98

Angewandte Biologie

1 Gentechnik 98

2 Reproduktionstechnik 100

3 Biotechnik 100

4 Bionik 101

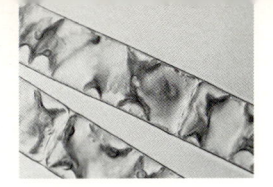

Zellbiologie

1 Die Entwicklung der Zellbiologie

Seite 8

1. Ein möglicher Grund für die zeitlich unterschiedliche Entdeckung von Zellbestandteilen kann die Entwicklung leistungsfähiger, höher auflösender Lichtmikroskope sein. Ein anderer kann der räumliche Bau der Zelle sein, wodurch transparente Zellbestandteile wie zum Beispiel Zellkern oder Mitochondrien durch Bestandteile mit Farbstoffen wie Vakuolen oder Chloroplasten überdeckt werden können oder nur immer eine Ebene scharf eingestellt werden kann.

2 Untersuchungstechniken der Zellbiologie

Seite 11

1. Aufgrund des Vakuums (lebende Zellen würden zerplatzen) sowie der energiereichen Elektronenstrahlen (die Absorption von Elektronen durch dicke wasserhaltige lebende Zellen würde zum Verdampfen führen) ist eine Lebendbeobachtung nicht möglich.

3 Bau- und Inhaltsstoffe der Zelle

Seite 15

1. Aufgrund der Dichteanomalie des Wassers kommt es in Gewässern im Winter zur Ausbildung von kälterem, leichten Oberflächenwasser bis zur Eisdecke (Dichte < 1) und wärmerem, schweren Tiefenwasser (Dichte bei 4 °C = 1). Bei ausreichender Tiefe ist damit sichergestellt, dass unter der schützenden Eisdecke das Gewässer den Lebewesen als Lebensraum erhalten bleibt.

Seite 19

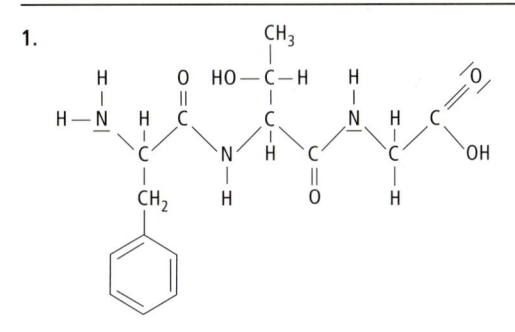

1.

4 Der Feinbau der Zelle

Seite 31

1. Beim Cotransport handelt es sich um eine Carrier vermittelte Diffusion, bei der ein Carrier zwei gelöste Stoffe gekoppelt transportiert. Erfolgt der Transport in gleicher Richtung, spricht man von Symport, in entgegengesetzter Richtung von Antiport.

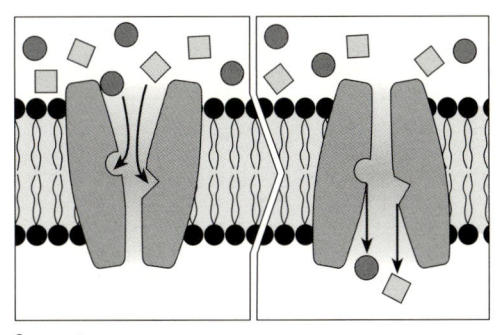

Symport

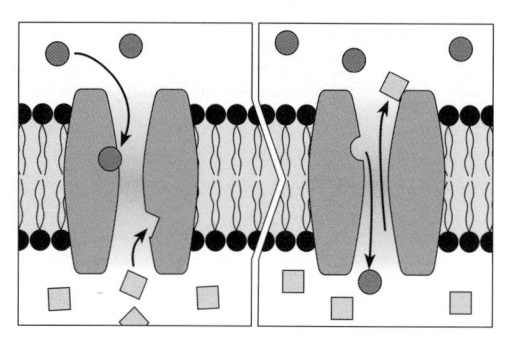

Antiport

Seite 40 bis 41

AUFGABEN: Lichtmikroskopisches (LM) und elektronenmikroskopisches (EM) Bild der Zelle

1 Licht- und Elektronenmikroskop
a) Durch diese Darstellung wird deutlich, dass der Strahlengang beim LM dem der Elektronenstrahlen im EM (die Elektronenquelle liegt im oberen Bereich der Elektronenstrahlröhre) entspricht. Wäre das EM genauso konstruiert wie ein LM, müsste man bei der Größe des EM zum Betrachten nach oben sehen.

b)

LM	EM
Lichtquelle	Elektronenquelle
Lichtstrahlen	Elektronenstrahlen
Glaslinsen	elektromagnetische Linsen (= elektromagnetische Kondensatoren)
Luftraum	Vakuum
Auflösungsvermögen von etwa 0,4 µm	Auflösungsvermögen von etwa 0,3 bis 2 nm
Höhe etwa 30 cm	Höhe über 2 m
Mikroskopisches Bild sichtbar	Mikroskopisches Bild nur mit Fluoreszenzschirm oder Fotoplatte sichtbar

c) Aufgrund des Vakuums (lebende Zellen würden zerplatzen) sowie der energiereichen Elektronenstrahlen (die Absorption von Elektronen durch dicke wasserhaltige lebende Zellen würde zum Verdampfen führen) ist eine Lebendbeobachtung nicht möglich.

2 Größenbereiche
a) $16 \text{ nm} \cdot x = 1{,}2 \cdot 10^6 \text{ nm}$
$x = 75000$fach
b) Es handelt sich um einen Thylakoidstapel eines Granums in einem Chloroplasten.

3 Speicherzelle
Speicherorte:
1 Kohlenhydrate (Stärke) in Amyloplasten
2 Lipide in Oleosomen
3 Proteine in Vakuolen

4 Milchdrüsenzelle
Zellbestandteile:
1 Proteingranula   5 Dictyosom
2 Oleosom   6 Mitochondrium
3 Desmosom   7 Zellkern
4 Zellmembran   8 raues ER

5 Zellbestandteile
a) *Zellbestandteile und Technik:*
A Zellkern
(EM-Bild nach Gefrierbruch-Technik)
B Mitochondrien
(EM-Bild nach Ultradünnschnitt-Technik)
C Dictyosomen
(EM-Bild nach Ultradünnschnitt-Technik)
D Zellkern
(EM-Bild nach Gefrierbruch-Technik)
E Dictyosom
(EM-Bild nach Gefrierbruch-Technik)
b) *Funktionen der Zellbestandteile:*
A, D Zellkern: Steuerung von Stoffwechselvorgängen innerhalb der Zelle, Träger von Erbinformation
B Mitochondrien: Orte der Zellatmung (Dissimilation)
C, E Dictyosomen: Produktion von Sekreten

6 Zellverbindungen in tierischen Zellen
a) *Zellkontakte:*
1 Zellmembran (der linken Zelle)
2 Zellmembran (der rechten Zelle)
3 interzellulärer Spalt
4 Verbindungsprotein innerhalb eines Desmosoms
5 Haftplatte eines Desmosoms
6 Proteinfilament
7 Carrier
8 integrales Membranprotein
9 halbintegrales Membranprotein
b) *Funktionen:*
1, 2 Begrenzung des Protoplasten, Stoffaustausch, interzelluläre Kommunikation
3 Stofftransport
4, 5 Verbindung der Haftplatten benachbarter Zellen sorgt für hohe mechanische Festigkeit
6 tragen zur Festigkeit der Membran bei
7 aktiver Stofftransport
8 interzellulärer Stoffaustausch
9 Stabilisierung und Stofftransport

7 Die Rote Küchenzwiebel
a) *Bestandteile eines Schuppenblattes:*
1 Cuticula der oberen Epidermis
2 Zellwand
3 Zellkern
4 Zellplasma
5 Vakuole
6 Vakuole mit rotem Farbstoff
7 Cuticula der unteren Epidermis
8 obere Epidermis (= Zwiebelhäutchen)
9 Mesophyll
10 untere Epidermis

b) Die Küchenzwiebel stellt biologisch gesehen einen Organismus dar, da sie sich aus verschiedenen Organsystemen (Schuppenblätter mit Leitgefäßsystem, gestauchte Sprossachse (= „Zwiebelkuchen") mit Leitgefäßsystem, Wurzeln mit Leitgefäßsystem) zusammensetzt, die gemeinsam die Kennzeichen des Lebendigen erfüllen.

8 Stofftransport durch Membranen
Die Leitfähigkeit sowie die Schwankungen sind auf den Bau des Gramicidin-A-Moleküls zurückzuführen. Das Molekül ist so strukturiert, dass es in jeder Monolayer der Bilayer laterale Diffusion zeigt. Trifft nun ein Gramicidin-A-Molekül einer Monolayer mit einem Gramicidin-A-Molekül der anderen Schicht zusammen, entsteht vorübergehend ein hydrophiler „Tunnel" durch die Lipid-Doppelschicht, sodass Natrium-Ionen kurzfristig hindurchtreten können. In diesem Falle ist der Stromkreis für kurze Zeit geschlossen. Bilden zufällig gleichzeitig mehrere Gramicidin-A-Moleküle hydrophile „Tunnel", steigt die Leitfähigkeit proportional.

9 Blutzellen
a) Die Erythrocyten in B wurden einem hypertonischen Medium ausgesetzt, in C einem hypotonischen.
b) In B wird den Vakuolen durch das hypertonische Medium (mit dem stärkeren osmotischen Druck) Wasser entzogen. Infolge dieser Wasserabgabe schrumpft die Vakuole; die Zellen werden kleiner.
Die Vakuolen in C haben einen stärkeren osmotischen Druck als die sie umgebende hypotonische Lösung. Dadurch kommt es zu einem vermehrten Wasserzutritt in die Vakuole, sodass sich die Vakuole vergrößert und damit auch die Zelle.

Seite 42 bis 43

PRAKTIKUM: Untersuchungen zur Zellbiologie

1 Mikroskopie von Leberzellen
a) Zellmembran, Zellplasma, Zellkern

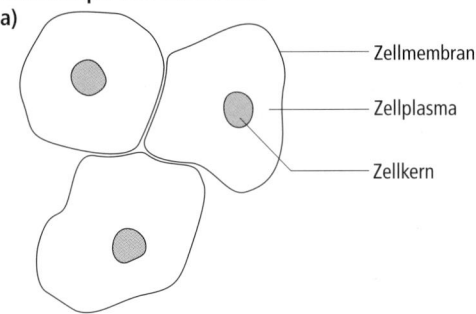

b) Glykogen ist ein stark verzweigtes Polysaccharid mit α-1,4 glykosidischer und α-1,6 glykosidischer Bindung. Es ist stärker verzweigt als das Amylopektin der Stärke.

2 Mikroskopie von Epidermiszellen
a) Mittellamelle, Zellwand, Zellmembran, Zellplasma, Zellkern, Kernkörperchen, Vakuole, Interzellularraum

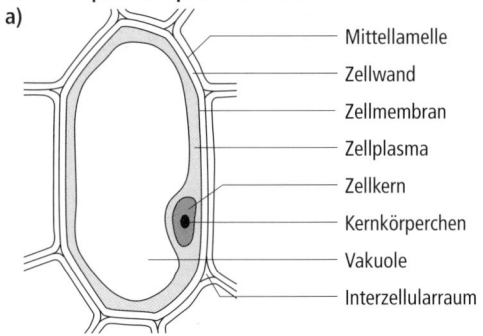

b) Zwiebelhäutchen = Gewebe (Verband aus gleichartigen Zellen zur Erfüllung einer Funktion);
Schuppenblatt (ohne Leitgefäßsystem) = Organ (Verband verschiedener Gewebe zur Erfüllung einer Funktion);
Zwiebel = Organismus (Verband verschiedener Organsysteme zur Erfüllung der Kennzeichen des Lebendigen).

3 Plasmolyse bei der Küchenzwiebel
Beim Durchsaugen der hypertonischen Kaliumnitrat-Lösung erfolgt ein Diffundieren von Wassermolekülen aus dem Zellplasma sowie vor allem aus dem Zellsaft der Vakuole, sodass es zum Schrumpfen von Zellplasma und Vakuole und damit zum Ablösen des Plasmalemmas von der Zellwand kommt.
Beim Hindurchsaugen von destilliertem Wasser durch die plasmolysierte Zelle erfolgt nun eine Diffusion von Wassermolekülen in Richtung der höheren Konzentration zwecks Konzentrationsausgleichs und es kommt zur Deplasmolyse.

4 Bestimmung des osmotischen Wertes von Zellen der Küchenzwiebel

a) Bei der Kaliumnitrat-Lösung von 0,2 mol/l liegt noch keine Plasmolyse vor, wohingegen bei 0,3 mol/l bereits Plasmolyse erfolgt. Also liegt in diesem Bereich zwischen 0,2 mol/l und 0,3 mol/l Grenzplasmolyse vor.

b) Durch ein Näherungsverfahren wird die Konzentration zwischen 0,2 mol/l und 0,3 mol/l ermittelt. Dazu werden Kaliumnitrat-Lösungen von Konzentrationen zwischen 0,21 mol/l bis 0,29 mol/l hergestellt und auf Plasmolyse getestet. Auf diese Weise kann dann erneut die Konzentration eingegrenzt werden, jedoch wird die Bestimmung durch entsprechende Beobachtung erschwert. (Ein ermittelter Wert der Grenzplasmolyse liegt bei 0,22 mol/l.)

5 Stofftransport in Vakuolen

a) Der Farbstoff Neutralrot häuft sich in den Vakuolen an. Die neutralen Neutralrot-Moleküle diffundieren also ungehindert durch Plasmalemma und Tonoplast.

b) Der Zellsaft der Vakuole stellt eine schwache Säure-Lösung dar, durch die das Neutralrot-Molekül zum Neutralrot-Ion wird. Die Addition des H^+-Ions und die resultierende Hydratation führt zu einem größeren, geladenen Komplex, der nicht mehr durch den Tonoplasten hindurchtreten kann.
Eine experimentelle Bestätigung dieses Ionenfallen-Mechanismus besteht in der Färbung der Epidermis-Zellen mit einer sauren Neutralrot-Lösung. Diese Färbung dürfte nicht funktionieren.

6 Modellversuch zur Schrägbedampfung bei der Gefrierbruchtechnik

Das Projektionsbild entspricht der Schattenbildung durch die Bedampfung. Durch die entstehenden Schatten dringen Lichtstrahlen beziehungsweise Elektronenstrahlen im Elektronenmikroskop (EM), die nach Entwicklung der Fotoplatte als weiße Fläche erkennbar sind.

7 Speicherung von Stärke

Das Stärkekorn ist mehrschichtig aufgebaut und liegt in der Matrix eines Amyloplasten. Iod-Lösung färbt die Amylose blau aufgrund einer Einschlussverbindung zwischen den Iod-Molekülen und der Helixstruktur der Amylose.

8 Membranzusammensetzung

Die Versuche stellen einen indirekten Nachweis von Lipiden beziehungsweise Proteinen in der Biomembran dar.

Lipide werden indirekt durch Herauslösen von Membranlipiden aus der Membran (insbesondere der Vakuole) durch eine Seifen-Lösung (Emulgierung, siehe Kontroll-Versuch mit Öl) nachgewiesen, wodurch die Biomembran zerstört wird und der rote Vakuolen-Farbstoff austritt.

Proteine werden sowohl durch den Koagulationsversuch mit Säure (siehe Kontroll-Versuch mit Eiklar) als auch durch Erhitzen indirekt nachgewiesen. Auch hier tritt der rote Vakuolen-Farbstoff aus der zerstörten Membran aus.

9 Modellversuch zu Membranlipiden

a) Das Volumen eines Tropfens lässt sich bestimmen, indem man einen Milliliter der Lösung auslaufen lässt und dabei die Anzahl der Tropfen zählt; bei zum Beispiel 55 Tropfen pro 1000 mm^3 (1 ml) beträgt das Volumen 18 mm^3.
Die Masse der Stearinsäure in einem Tropfen lässt sich über die Konzentration bestimmen:
0,6 mg : 1000 mm^3 = x mg : 18 mm^3
x = 0,011 mg Stearinsäure
Das Volumen dieser Stearinsäure-Masse steht über die Dichte von Stearinsäure (940 mg/1000 mm^3) mit der Masse in Beziehung:
$V_{Stearinsäure}$ = 0,011/0,94 mm^3 = 1,17 · 10^{-2} mm^3
Die Schichtdicke lässt sich berechnen, wenn man dem Stearinsäurefilm eine Zylinderform zuschreibt; die Höhe des Zylinders entspricht der Schichtdicke:
h = V/F = 1,17/10^2 · 5 · 10^3 = 2,34 · 10^{-6} = 2,34 nm

b) $F_{Lipidschicht}$ = πr^2 = 3,14 · 22^2 = 1519,76 mm^2
$F_{Membran}$ = 145 μm^2 · 5,2 · 10^6 = 754 mm^2
Die Fläche der Lipidschicht ist etwa doppelt so groß gegenüber der Oberfläche der zu Grunde liegenden Erythrocyten.

Stoffwechsel

1 Enzyme bewirken Stoffwechsel

Seite 49

1. Ohne Hemmung würden einmal von der Zelle produzierte Enzyme solange aktiv bleiben, bis sie schließlich abgebaut würden. Enzymatisch katalysierte Reaktionen würden auch dann weiterlaufen, wenn das nicht mehr sinnvoll wäre. So würden etwa Reaktionsprodukte noch hergestellt, wenn sie nicht mehr benötigt würden beziehungsweise schon in ausreichender Zahl vorhanden wären.
Die Hemmung von Enzymen erlaubt es der Zelle, schnell auf Konzentrationsänderungen der in der Zelle vorhandenen chemischen Verbindungen zu reagieren. Bei reversibler Hemmung kann ein Enzym deaktiviert werden, wenn es nicht mehr gebraucht wird, und reaktiviert werden, wenn es wieder von Nutzen ist. Das ist weit weniger aufwendig, als das Enzym je nach Bedarf neu herzustellen oder abzubauen.

Seite 50

1. Die weitaus meisten Enzyme sind keine reinen Proteine. Typischerweise bestehen Enzyme aus einem Proteinanteil und einem oder mehreren anderen Bestandteilen. Als Holoenzym bezeichnet man das gesamte funktionsfähige Enzym. Das Apoenzym ist der Proteinanteil. Die anderen Bestandteile des Enzyms nennt man Cofaktoren. Handelt es sich bei einem Cofaktor um eine niedermolekulare Verbindung, so spricht man von einem Cosubstrat. Ist der Cofaktor hingegen ein Metallion, so handelt es sich nicht um ein Cosubstrat. Prosthetische Gruppen sind Cofaktoren, die fest mit dem Apoenzym verbunden sind.
2. Ein Enzym geht als Biokatalysator unverändert aus der von ihm beschleunigten Reaktion hervor. Das gilt zumindest für das Apoenzym. Substrate werden bei einer Reaktion jedoch verändert. ATP dient bei der Übertragung von Phosphorsäureresten als Cofaktor. Dabei wird ATP zu ADP umgewandelt. ATP geht also nicht unverändert wie ein Enzym aus der Reaktion hervor, sondern verändert sich dabei wie ein Substrat. Daher ist die Bezeichnung Cosubstrat passender als Coenzym.
3. Enzym 1 katalysiert die Übertragung von zwei Wasserstoffatomen von einem Cosubstrat (lila) auf ein Substrat (rot). Enzym 2 dient der Regeneration des Cosubstrates. Dabei werden von einem zweiten Substrat (gelb) Wasserstoffatome auf das Cosubstrat übertragen. Es werden folgende Einzelschritte durchlaufen:
Enzym 1: A: An das Enzym ist bereits ein mit Wasserstoffatomen beladenes Cosubstrat gebunden. Das Substrat bindet nun an das Enzym. Es entsteht ein Enzym-Substrat-Komplex.
B: Die beiden Wasserstoffatome werden vom Cosubstrat auf das Substrat übertragen.
C: Die Bindungsstelle des Enzyms für das Substrat verändert sich, sodass keine Bindung zwischen Substrat und Enzym mehr möglich ist. Das mit den beiden Wasserstoffatomen beladene Substrat löst sich vom Enzym.
D, E: Das Cosubstrat ohne Wasserstoffatome bewegt sich frei durch die Lösung und kann an Enzym 2 binden. Beide Bindungsstellen von Enzym 1 sind frei.
F: Ein mit Wasserstoffatomen beladenes Cosubstrat bindet an das Enzym. Dadurch wird die Konformation der Bindungsstelle für das Substrat so verändert, dass wieder ein Substrat-Molekül an das Enzym binden kann.
Enzym 2: 1: Das mit zwei Wasserstoffatomen beladene Substrat von Enzym 2 bindet an den Komplex aus Enzym 2 und Cosubstrat.
2: Es bildet sich ein Enzym-Substrat-Komplex.
3: Anschließend werden zwei Wasserstoffatome vom Substrat auf das Cosubstrat übertragen. Die Bindungsstelle für das Substrat ändert ihre Form und das Substrat löst sich vom Enzym.
4: Das mit Wasserstoffatomen beladene und somit regenerierte Cosubstrat löst sich vom Enzym. Es kann nun wieder an Enzym 1 binden.
5: Beide Bindungsstellen von Enzym 2 sind frei.
6: In dieser Konformation kann Enzym 2 nur ein Cosubstrat-Molekül ohne Wasserstoffatome binden. Dadurch wird die Bindungsstelle für das Substrat verändert, sodass auch wieder ein Substrat-Molekül binden kann.

2 Ernährung und Verdauung

Seite 55

1. *Mund:* Es erfolgt eine mechanische Zerkleinerung der Nahrung sowie eine Vermischung mit Speichel, die zu einer besseren Gleitfähigkeit des Speisebreis führt. Das Speichelenzym α-Amylase bewirkt die Spaltung von Stärke zu Oligosacchariden bis hin zum Zweifachzucker Maltose.
(Hinweis: Einige Substanzen wie Alkohol können bereits im Mund teilweise über die Schleimhaut resorbiert werden.)
Magen: Zellverbände werden durch Salzsäure aufgelöst. Proteine werden durch Pepsin in Polypeptide und Oligopeptide gespalten.
Leber: Es wird Gallenflüssigkeit zur Emulgierung von Lipiden produziert. Die durch die Gallensäuren bewirkte Bildung von winzigen lipidreichen Tröpfchen erleichtert die Zersetzung von Lipiden durch Lipasen. Ohne Gallensäuren würden die Lipide größere Tröpfchen mit einer im Vergleich zum Volumen viel geringeren Oberfläche (= Angriffsfläche für die Enzyme) bilden.
Galle: Gallenflüssigkeit wird gespeichert, die bei Bedarf schnell in großer Menge abgegeben werden kann.
Bauchspeicheldrüse: Es werden zahlreiche Verdauungsenzyme zur Zersetzung sämtlicher Nährstoffe produziert. Diese Enzyme bewirken im Dünndarm die Zerlegung von Poly- und Oligosacchariden in Dipeptide wie Maltose, von Lipiden in Di- und Monoglyceride, Fettsäuren und auch Glycerin sowie von Proteinen in Polypeptide und von Polypeptiden in Oligopeptide.
Dünndarm: Vor allem im vordersten Abschnitt des Dünndarms wirken die Enzyme aus der Bauchspeicheldrüse. Weiterhin werden vom Dünndarm selbst Enzyme hergestellt, die Disaccharide in Monosaccharide und Oligopeptide in Tri-, Dipeptide und Aminosäuren zerlegen. Die Oberflächenvergrößerung der Dünndarmwand erlaubt eine effiziente Resorption der Bestandteile der zuvor zerlegten Nährstoffe. In den Darmwandzellen werden Lipide resynthetisiert. Wasser und Salze werden sowohl im Dünndarm als auch im Dickdarm resorbiert.
Dickdarm: Wasser und Salze werden resorbiert.
Hinweis: Daneben findet auch im Dickdarm noch eine Zerlegung von Nahrungsbestandteilen statt. Hier sind es Darmbakterien, vor allem Colibakterien, die ansonsten unverdauliche Stoffe wie Zellulose und Nährstoffe, die im Dünndarm dem Abbau entgangen sind, zerlegen. Dabei entstehen vor allem kurze Fettsäuren und Lactat sowie einige Gase (Wasserstoff, Kohlenstoffdioxid, Methan). Der Stoffabbau durch die Darmbakterien dient vor allem ihnen selbst, ihrem Wachstum und ihrer Vermehrung. In den Darm abgegebene Abbauprodukte werden aber teilweise auch resorbiert. Die Gesamtaktivität der Darmbakterien entspricht etwa der Stoffwechselleistung der Leber. Sie bilden weiterhin einen erheblichen Anteil am Kot.

3 Stoffabbau in der Zelle

Seite 56

1. Führt man einer Zelle Glucose zu, die ein radioaktives Kohlenstoffisotop enthält, so kann man nach einiger Zeit untersuchen, wo und in welchen chemischen Verbindungen sich die Radioaktivität befindet. Man wird feststellen, dass die Radioaktivität zunächst im Cytoplasma außerhalb der Mitochondrien bleibt. Isoliert man nach unterschiedlichen Zeitspannen verschiedene chemische Verbindungen aus dem Cytoplasma, kann man erkennen, welche Produkte früher oder später aus den markierten Glucosemolekülen gebildet werden. Zunächst findet man radioaktive Sechsfachzucker (erst Glucose, dann Fructose), an die Phosphorsäurereste gehetet sind. Später findet sich die Radioaktivität nacheinander in den Dreifachzuckern, die als Zwischenstufen des Glucoseabbaus auftreten. Schließlich läßt sich radioaktives Pyruvat nachweisen. Dann gelangt die Radioaktivität auch in die Mitochondrien. Der weitere Glucoseabbau findet also nicht mehr im Cytoplasma statt.

Seite 59

1. Die Lösung ergibt sich durch Auflisten und Zählen der in den Kreisprozess eingeschleusten und der ihn verlassenden Moleküle und Ionen. Sämtliche so ermittelte Zahlen müssen noch verdoppelt werden, da man von der Zerlegung eines Glucosemoleküls ausgeht, von dem nach der Glykolyse und der oxidativen Decarboxylierung zwei Moleküle Acetyl-CoA übrig sind.
2. Die Reihenfolge der Reaktionen wird durch die Substrat- und Reaktionsspezifität der beteiligten Enzyme gewährleistet. Die Enzyme des Citratzyklus liegen in der Mitochondrienmatrix in hoher Konzentration vor. Hierdurch wird gewährleistet, dass jede Verbindung, die als Zwischenprodukt des Citratzyklus auftritt, schnell zum nächsten Zwischenprodukt umgesetzt werden kann.
3. Führt man einer Zelle Glucose mit radioaktivem Kohlenstoff zu, so findet sich dieser markierte Kohlenstoff nach einiger Zeit in den Zwischenstufen des Citratzyklus im Inneren der Mitochondrien. Beim zweiten Durchlauf des Zyklus verlassen einige der markierten Kohlenstoffatome in Form von Kohlenstoffdioxid-Molekülen den Citratzyklus. Nach mehreren Durchläufen des Zyklus befindet sich der größte Anteil des markierten

Kohlenstoffs in Kohlenstoffdioxid-Molekülen. Diese verlassen die Zelle und mit der Atmung den Körper.

Allerdings können Zwischenstufen des Citratzyklus auch in andere Verbindungen umgewandelt werden, falls die Zelle diese benötigt. Ein kleiner Teil der Radioaktivität kann sich nach längerer Zeit also in ganz verschiedenen chemischen Verbindungen wiederfinden, etwa in Proteinen, die Aminosäuren enthalten, welche aus Zwischenstufen des Citratzyklus gebildet wurden.

Seite 62

1. Bei den hohen Backtemperaturen verflüchtigt sich der bei der Gärung freigesetzte Alkohol.
2. Bei der Gärung bilden sich pro Molekül Glucose zwei Moleküle Kohlenstoffdioxid. Das Kohlenstoffdioxid entweicht aus den Hefezellen und bildet Bläschen im Teig; der Teig wird porös.

Seite 65

AUFGABEN: Dissimilation

1 Kalorimeter und Zelle im Vergleich
a) Sowohl bei der Verbrennung im Kalorimeter als auch beim Abbau von Glucose zu Kohlenstoffdioxid und Wasser in der Zelle werden 17,18 kJ pro Gramm Glucose freigesetzt. Im Kalorimeter erfolgt diese Energiefreisetzung mit einem Mal, in der Zelle hingegen in einem mehrstufigen Prozess.
b) Bei der Verbrennung im Kalorimeter wird die gesamte chemische Energie der Glucose in Wärmeenergie umgewandelt. Beim enzymatischen Abbau der Glucose in der Zelle wird die chemische Energie durch die Bildung von ATP aus ADP und Phosphatresten zu maximal 38 Prozent wieder als chemische Energie gespeichert. Der Rest wird zu Wärmeenergie.

2 Redoxreaktionen
a) Das Redoxpotenzial des Redoxpaares Cu/Cu^{2+} ist höher (positiver) als das Redoxpotenzial des Redoxpaares Zn/Zn^{2+}. Man sagt auch, Kupfer sei „edler" als Zink. Werden Redoxsysteme mit unterschiedlichen Redoxpotenzialen miteinander verbunden, fließen Elektronen vom niedrigeren zum höheren Redoxpotenzial, hier also von der Zink- zur Kupferelektrode.
b) An der Zinkelektrode geben Zinkatome Elektronen ab und werden dadurch zu Ionen, die in Lösung gehen. Die Elektronen wandern durch das Verbindungskabel zur Kupferelektrode. Dort werden Elektronen an Kupferionen aus der Lösung abgegeben, die dadurch zu neutralen Kupferatomen werden. Diese verbinden sich mit der Kupferelektrode. Die Kupferelektrode wächst also, während die Zinkelektrode sich teilweise auflöst. Es gelten folgende Reaktionsgleichungen:
$Zn \rightarrow Zn^{2+} + 2e^-$
$Cu^{2+} + 2e^- \rightarrow Cu$
In der Summe ergibt sich die Gleichung:
$Cu^{2+} + Zn \rightarrow Zn^{2+} + Cu$
c) Auch bei Redoxreaktionen in der Zelle, etwa in der Atmungskette, wandern Elektronen von Redoxpaaren mit niedrigeren zu Redoxpaaren mit höheren Redoxpotenzialen. Die Situation in der Zelle ist jedoch viel komplizierter.
Der vereinfachte Versuch enthält nur zwei Redoxpaare unter standardisierten Bedingungen, das heißt, Größen wie die Temperatur und die Konzentration der gelösten Stoffe sind vorgegeben. In der Atmungskette findet sich eine ganze Reihe von Redoxpaaren in membrangebundenen Enzymkomplexen. Die Einbindung der Redoxsysteme in Enzymkomplexe ermöglicht eine rasche und gezielte Weiterleitung der Elektronen von einem Redoxsystem zum nächsten.
Im Modellversuch verläuft die Reaktion stets in derselben Richtung: Zink wird zunehmend oxidiert und Kupferionen werden reduziert, zumindest bis durch die Veränderung der Konzentration an gelösten Ionen ein Potenzial-Gleichgewicht erreicht wird, und die Reaktion zum Erliegen kommt. In der Atmungskette wechseln die Redoxpaare immer wieder zwischen dem oxidierten und dem reduzierten Zustand, weil ständig neue Elektronen in die Atmungskette eingeschleust werden. Anders als bei dem Modellversuch wird in der Atmungskette ein Teil der beim Elektronenfluss frei werdenden Energie in Form eines elektrochemischen Gradienten gespeichert, da die Redoxreaktionen an Protonenpumpen gekoppelt sind.

3 Redoxsysteme in der Zelle
a) Das Redoxpaar Pyruvat/Lactat hat das positivere Redoxpotenzial und somit die größere Tendenz, Elektronen aufzunehmen.
b) Die Reaktionsgleichung lautet:
Pyruvat + NADH + H^+ → Lactat + NAD^+
Es werden zwei Wasserstoffatome (beziehungsweise zwei Elektronen plus zwei Protonen) von NADH + H^+ auf Pyruvat übertragen. Pyruvat wird also reduziert. Da NADH + H^+ diese Reduktion bewirkt, bezeichnet man NADH + H^+ als Reduktionsmittel.
Umgekehrt wird NADH + H^+ von Pyruvat oxidiert und Pyruvat damit zum Oxidationsmittel bei dieser Redoxreaktion.
c) Die unter b) formulierte Reaktion stellt den letzten Schritt der Milchsäuregärung dar. Sie dient der Regeneration von NAD^+, das im Laufe der Gärung zuvor zu NADH + H^+ reduziert wurde. Der Vorrat der Zelle an NAD^+ ist begrenzt. Würde es nicht regeneriert werden, müsste die Gärung zum Erliegen kommen, sobald sämtliche NAD^+-Ionen verbraucht wären.

4 Energiegehalt von Fettsäuren

a) $C_{16}H_{32}O_2 + 23\ O_2 \rightarrow 16\ CO_2 + 16\ H_2O$

b) Zunächst wird Palmitinsäure, die in der Zelle als Palmitat vorliegt, mit einem Cofaktor CoA verbunden. Dabei wird pro Mol Palmitat ein Mol ATP zu AMP umgesetzt.

Nach dem Einschleusen in ein Mitochondrium werden in einem sich wiederholenden Prozess (β-Oxidation) jeweils Einheiten aus zwei Kohlenstoffatomen als Acetyl-CoA abgespalten. Bei jedem dieser Zyklen wird pro Mol Palmitat ein Mol FAD zu $FADH_2$ und ein Mol NAD^+ zu $NADH + H^+$ reduziert.

Acetyl-CoA wird in den Citratzyklus eingeschleust, wo pro Mol Acetyl-CoA ein Mol FAD zu $FADH_2$ und drei Mol NAD^+ zu $NADH + H^+$ reduziert werden, sowie ein Mol GTP aus GDP gebildet wird. Letzteres entspricht der Bildung von einem Mol ATP aus ADP.

Schließlich werden in der Atmungskette $FADH_2$ und $NADH + H^+$ unter Bildung von ATP oxidiert. Dabei werden pro Mol $FADH_2$ bis zu zwei Mol und pro Mol $NADH + H^+$ bis zu drei Mol ATP aus ADP gebildet.

c) Bei der Zerlegung eines Mols Palmitat in acht Mol Acetyl-CoA entstehen insgesamt sieben Mol $FADH_2$ und sieben Mol $NADH + H^+$. Das ergibt maximal $7 \cdot 2 + 7 \cdot 3$ Mol ATP, also 35 Mol ATP. Jedes Mol Acetyl-CoA wird im Citratzyklus unter Bildung von einem Mol $FADH_2$ und drei Mol $NADH + H^+$ sowie einem Mol GTP abgebaut. Man erhält pro Mol Acetyl-CoA also bis zu zwölf Mol ATP. Für acht Mol Acetyl-CoA ergibt das 96 Mol ATP. Zieht man zwei Mol ATP für die erste Bindung von Cosubstrat CoA an Palmitat ab, erhält man insgesamt $35 + 96 - 2 = 129$ Mol ATP, die pro Mol Palmitat gebildet werden.

Hinweis: Die so berechnete Ausbeute an ATP ist ein Maximalwert, vermutlich werden pro Mol $FADH_2$ nur etwa 1,5 Mol ATP und pro Mol $NADH + H^+$ nur rund 2,5 Mol ATP gebildet. Genau lässt sich das nicht sagen. Mit diesen vielfach als realistischer angesehenen Durchschnittswerten erhält man eine um etwa 18 Prozent geringere Ausbeute.

d) Die maximale Ausbeute von 129 Mol ATP pro Mol Palmitat entspricht einer chemischen Energie von etwa $129 \cdot 30,5$ kJ/mol. Das sind gerundet 3930 kJ/mol. Der Wirkungsgrad beträgt dann 3930 kJ/mol : 9800 kJ/mol, also ungefähr 40 Prozent.

5 Stoffwechselwasser

a) Beim Kohlenhydratabbau wird zunächst Wasser verbraucht, wenn Ketten von Zuckermolekülen zu Einfachzuckern gespalten werden. Auch im Citratzyklus werden Wassermoleküle als Reaktionspartner benötigt. Eine Freisetzung von Wassermolekülen erfolgt erst in der Atmungskette, hier allerdings in großem Umfang. In der Bilanz werden pro Mol Glucose sechs Mol Wassermoleküle freigesetzt, wenn Glucose als Einfachzucker vorliegt. Muss die Glucose erst aus der Spaltung von Polysacchariden gewonnen werden, sind es nur rund fünf Wassermoleküle pro Glucoseeinheit, die frei werden.

Der Fettabbau in der Zelle beginnt ebenfalls mit einem Wasserverlust bei der Spaltung von Glycerin und Fettsäuren, bei der Spaltung von Fettsäuren in Acetyl-CoA sowie im Citratzyklus beim Abbau von Acetyl-CoA. Auch hier überwiegt jedoch weit die Wasserfreisetzung bei der Oxidation von $FADH_2$ und $NADH + H^+$ zu FAD, NAD^+ und Wasser in der Atmungskette.

b) Glucose:
$C_6H_{12}O_6 + 6\ O_2 \rightarrow 6\ CO_2 + 6\ H_2O$
Triglycerid mit drei Palmitinsäuren ($C_{51}H_{98}O_6$):
$2\ C_{51}H_{98}O_6 + 145\ O_2 \rightarrow 102\ CO_2 + 98\ H_2O$

c) Molare Masse von Glucose: 180 g;
molare Masse des Triglycerids aus Aufgabe b): 806 g;
molare Masse von Wasser: 18 g.

Pro Mol Glucose werden sechs Mol Wasser frei, pro 180 g Glucose somit 108 g Wasser, pro Gramm Glucose also 0,6 g Wasser. Wenn die Glucose erst aus der Spaltung von Polysacchariden gewonnen werden muss, sind es nur rund 0,5 g Wasser pro Gramm Glucose.

Pro Mol des Triglycerids werden 49 Mol Wasser frei, pro 806 g Fett also 882 g Wasser, pro Gramm Fett somit rund 1,1 g Wasser. Beim Fettabbau wird demzufolge etwa die doppelte Menge an Wasser freigesetzt als beim Kohlenhydratabbau.

Hinweis: Viel Wasser wird zudem beim Aufbau von ATP aus ADP und Phosphorsäureresten frei. Da ATP im Stoffwechsel aber wieder unter Wasserverbrauch gespalten wird, ist das bei der ATP-Bildung freiwerdende Wasser für die Wasserbilanz eines Tieres nicht von Belang.

d) Geht man von etwa 1,5 Litern, also rund 1500 Gramm Wasserbedarf pro Tag aus, wären 1500 g : 0,6 = 2500 g Glucose beziehungsweise 1500 g : 0,5 = 3000 g Polysaccharide zur Deckung des täglichen Wasserbedarfs notwendig.

4 Energieumsatz

Seite 67

1. Bei normaler Kost beträgt der Respiratorische Quotient (RQ) etwa 0,85. Das Energieäquivalent des Sauerstoffs ist dann 20,41 kJ/l$_{O_2}$. Das pro Stunde verbrauchte Sauerstoffvolumen V_{O_2} ist:
V_{O_2} = 400 kJ/h : 20,41 kJ/l$_{O_2}$ = 19,60 l$_{O_2}$/h
Bei reiner Kohlenhydratkost beträgt der RQ = 1,0 und das Energieäquivalent des Sauerstoffs 21,16 kJ/l$_{O_2}$, sodass sich ein Sauerstoffverbrauch von
V_{O_2} = 18,90 l$_{O_2}$/h
ergibt. Bei reiner Fettkost (RQ = 0,7) beträgt das Energieäquivalent des Sauerstoffs 19,65 kJ/l$_{O_2}$. Der Sauerstoffverbrauch ist dann:
V_{O_2} = 20,36 l$_{O_2}$/h
Die verbrauchte Sauerstoffmenge ist demnach bei reiner Fettkost etwas größer und bei reiner Kohlenhydratkost etwas geringer als bei Mischkost.

5 Blut und Blutkreislauf

Seite 68

1. Durch Elektrophorese können die Eiweißstoffe im Blutplasma getrennt werden. Die einzelnen Proteine wandern entsprechend ihrer Ladungen und ihrer Molekülform und Molekülgröße im elektrischen Feld unterschiedlich weit und ergeben ein Bandenmuster, das nach Anfärbung fotometrisch ausgewertet werden kann.
Als grafisches Ergebnis der Auswertung erhält man ein Elektropherogramm. Hier erscheinen die einzelnen Plasmaprotein-Gruppen in Form sich gegenseitig überlappender Gauss-Verteilungskurven, sodass auch quantitative Berechnungen angestellt werden können.
Verändert sich zum Beispiel als Folge einer chronischen Entzündung der Anteil der Gammaglobuline im Blutplasma, wird dies im Elektropherogramm als Anstieg der betreffenden Proteinfraktion erkennbar.

Seite 69

1. Bei längerem Aufenthalt in größeren Höhen wird aufgrund der geringeren Sauerstoffversorgung der Gewebe in den Nieren vermehrt Erythropoetin gebildet. Dieses Hormon beschleunigt die Reifung der Erythrocyten. Durch die erhöhte Zahl der Erythrocyten kann anschließend beim Wettkampf vermehrt Sauerstoff transportiert werden, wodurch die sportliche Leistungsfähigkeit erhöht wird.

Seite 70

1. Die Hauptmenge des Sauerstoffs, nämlich 97 Prozent, wird gebunden an dem Hämoglobin der Erythrocyten transportiert. Nur 3 Prozent werden gelöst im Plasma transportiert.
Die Aufnahme des Sauerstoffs durch die Erythrocyten erfolgt durch die Wand der Lungenbläschen. Mit dem Blutstrom werden diese zu den Sauerstoff verbrauchenden Körperzellen transportiert. Dort wird der Sauerstoff vom Hämoglobin abgespalten und von den Körperzellen aufgenommen.
Der Transport des Kohlenstoffdioxids erfolgt in der Gegenrichtung. Die Körperzellen geben Kohlenstoffdioxid an das Blut ab, wobei 45 Prozent als Hydrogencarbonat im Plasma, 35 Prozent als Hydrogencarbonat in den Erythrocyten, 10 Prozent gebunden an Hämoglobin in den Erythrocyten und 10 Prozent gelöst im Plasma transportiert werden. In den Lungenbläschen gelangt das Kohlenstoffdioxid in den Luftraum der Bläschen und wird ausgeatmet.

Seite 71

1. Bei kleineren Verletzungen hört die Blutung bereits nach ein bis drei Minuten auf. Die Wände der verletzten Gefäße ziehen sich zusammen, sodass die Durchblutung verringert wird. Dann wird die Wunde durch einen Pfropf aus Thrombocyten verschlossen.
Die Blutgerinnung dauert etwa fünf bis sieben Minuten. Es sind wie bei der Blutstillung Thrombocyten beteiligt, die nun Gerinnungsfaktoren abgeben und die Blutgerinnungskaskade in Gang setzen. Es entstehen aus löslichen Eiweißstoffen im Blutplasma unlösliche Fasern aus Fibrin, die mit einem Fibrinnetz die Wunde abdichten.

2. Durch eine Verletzung von Epithelzellen werden Gerinnungsfaktoren aus beschädigten Zellen freigesetzt. An den Wundrändern setzen sich Blutplättchen fest, die auch Gerinnungsfaktoren abgeben. Im Blutplasma sind weitere Gerinnungsfaktoren gelöst. Insgesamt wirken 14 Gerinnungsfaktoren und zusätzlich Calcium-Ionen zusammen, um den im Blutplasma gelösten Eiweißstoff Prothrombin in das Enzym Thrombin umzuwandeln. Dieses bewirkt die Umwandlung des im Blutplasma gelösten Fibrinogens zu dem unlöslichen Fibrin.

Seite 74

1. Durch den Mangel an Eiweißstoffen in der Lymphe wird die Reabsorption der Lymphe in den venösen Bereichen der Blutkapillaren verringert. Dadurch sammelt sich die Gewebsflüssigkeit in den Zwischenzellräumen an und bewirkt die Schwellung des Gewebes.

6 Atmung

–

7 Ausscheidung

Seite 81 bis 83

AUFGABEN: Stoffwechselvorgänge

1 Enzymaktivität
a) Die Aktivitätskurve von Enzym 2 ist glockenförmig. Bei einem pH-Wert von etwa 4,5 steigt die Aktivität mit zunehmendem pH-Wert zunächst langsam, dann schneller an. Bei pH 7 verlangsamt sich der Anstieg wieder. Zwischen pH 7 und 8 erreicht die Aktivität ein Maximum, dann fällt sie etwa spiegelbildlich zum Anstieg wieder ab. Oberhalb von pH 10,5 ist die Aktivität nahezu verschwunden.
Die Aktivitätskurve von Enzym 1 ist schief glockenförmig, wobei die linke Flanke unterhalb von pH 0 nicht sichtbar ist und anschließend flacher verläuft als die rechte Flanke. Das Aktivitätsmaximum liegt bei pH 2. Oberhalb von pH 5,3 ist keine nennenswerte Aktivität mehr nachweisbar.
b) Enzym 1 könnte im Magen wirken, Enzym 2 im Mund oder Dünndarm.
c) Mit dem pH-Wert verändert sich auch die Konformation eines Enzyms. So können verschiedene Seitenketten von Aminosäuren je nach pH-Wert Protonen aufnehmen oder abgeben. Dadurch ändern sich die intramolekularen Wechselwirkungen und somit die dreidimensionale Struktur des Enzyms. Auch kleine Änderungen in der Form des aktiven Zentrums beeinflussen die Wirksamkeit des Enzyms. Bei einem bestimmten pH-Wert ist die Konformation des Enzyms optimal. Je weiter der pH-Wert vom Optimum abweicht, desto mehr verändert sich die Struktur des Enzyms und desto geringer wird seine Aktivität.
d) Weitere Faktoren, die die Enzymaktivität beeinflussen, sind beispielsweise die Temperatur, die Konzentration verschiedener Ionen, die Substratkonzentration und gegebenenfalls die Konzentrationen von Cosubstraten, Inhibitoren oder Aktivatoren.

2 Enzymhemmung
a)

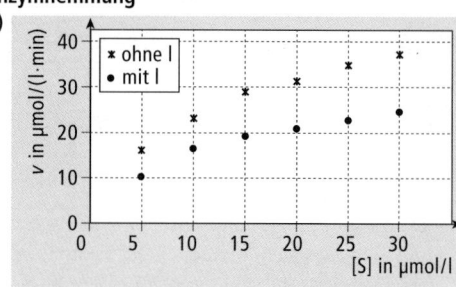

b) Es handelt sich um eine nichtkompetitive Hemmung. Dabei wird ein Teil der Enzyme durch einen Inhibitor deaktiviert, der nicht am aktiven Zentrum des Enzyms bindet. Der Anteil an deaktivierten Enzymen ist daher nicht von der Substratkonzentration abhängig, sodass der Umsatz an Substrat-Molekülen pro Zeit unabhängig von der Substratkonzentration um einen bestimmten Prozentsatz verringert wird.
c) Bei der kompetitiven Hemmung konkurrieren Substrat und Inhibitor um das aktive Zentrum. Wird die Substratkonzentration bei fester Inhibitorkonzentration erhöht, werden die aktiven Zentren zunehmend durch Substrat-Moleküle besetzt, sodass sich ein wachsender Prozentsatz der Enzyme am Substratumsatz beteiligt. Mit steigender Substratkonzentration nähert sich die Reaktionsgeschwindigkeit mit Inhibitor somit der Reaktionsgeschwindigkeit ohne Inhibitor an.

3 Hormonale Regulation der Verdauung
a) Der Magen ist für die ersten Abbauschritte von Eiweißstoffen verantwortlich und bereitet durch die Auflösung von Zellverbänden auch die Verdauung der übrigen Nährstoffe vor.
In der Galle wird die von der Leber produzierte Gallenflüssigkeit gespeichert und je nach Bedarf abgegeben. Die Gallensäuren bewirken die Bildung von winzigen lipidreichen Tröpfchen und erleichtern dadurch die Zersetzung von Lipiden durch Lipasen. Die Galle wird demnach bei der Fettverdauung benötigt.
In der Bauchspeicheldrüse werden Verdauungsenzyme zur Zersetzung sämtlicher Nährstoffe produziert. Diese Enzyme werden erst im Dünndarm aktiv.
b) Nahrung, die reich an Eiweißstoffen ist, regt den Magen nicht nur durch seine Dehnung, sondern auch durch die Eiweißstoffe selbst zur Abgabe von Gastrin an. Gastrin stimuliert den Magen zur Bildung von Salzsäure und Pepsin. Beim Abbau von Eiweißstoffen werden Aminosäuren frei, die zur Ausschüttung von CCK führen. Hierdurch wird die Abgabe von Galle und Pankreassekreten in den Dünndarm angeregt.
Fettreiche Nahrung bewirkt durch die Dehnung des Magens ebenfalls eine Abgabe von Gastrin und damit die Produktion von Salzsäure und Pepsin –

allerdings in geringerem Maße als bei eiweißstoffreicher Nahrung. Im Zwölffingerdarm und im weiteren Verlauf des Dünndarms bewirken die Fette und die beim Fettabbau entstehenden Fettsäuren eine Freisetzung von GIP, CCK und Sekretin. Dadurch wird die Magenaktivität gehemmt und die Abgabe von Gallenflüssigkeit und Bauchspeicheldrüsensekret angeregt.

c) Eine passende Reaktion des Verdauungssystems auf die Zusammensetzung der Nahrung sieht man vor allem bei einem Vergleich der Wirkung von Eiweißstoffen und Fetten auf die Aktivität des Magens. Da der Magen insbesondere bei der Verdauung von Eiweißstoffen gefordert ist, sollte er bei eiweißstoffreicher Nahrung besonders aktiviert werden. Das ist aufgrund der Stimulation der Gastrinausschüttung durch Eiweißstoffe auch der Fall.

Demgegenüber wird bei fettreicher Kost die Magenaktivität nur anfangs etwas durch die Magendehnung angeregt (auch bei eiweißstoffarmer Kost ist die Auflösung von Zellverbänden und die Deaktivierung von mit der Nahrung aufgenommenen Keimen sinnvoll). Sobald Fette und deren Abbauprodukte in den Zwölffingerdarm gelangen, wird die Magenaktivität aber mittels GIP und Sekretin gehemmt. Dafür wird die Bauchspeicheldrüse insbesondere durch fetthaltige Nahrung zur Sekretion angeregt. Die Bauchspeicheldrüse ist bei fetthaltiger Kost besonders gefordert, denn anders als bei Eiweißstoffen und Kohlenhydraten erfolgt der Fettabbau nur durch Enzyme der Bauchspeicheldrüse.

4 Brennstoffreserven im Körper

a) Person 2 hat im Vergleich zu Person 1 einen erheblich höheren Fettgehalt, während der Körper nur über wenig mehr Proteine und Kohlenhydrate verfügt. Energiereserven werden im Körper vor allem als Fett angelegt.

Mit 39,0 kJ pro Gramm Fett und 17,2 kJ pro Gramm Kohlenhydate oder Eiweißstoffe ergeben sich folgende physiologische Brennwerte:

Brennstoff	Person 1	Person 2
Fette	585 000 kJ	2 496 000 kJ
Proteine	120 400 kJ	137 600 kJ
Glykogen	37 840 kJ	39 560 kJ
gesamt	743 240 kJ	2 673 160 kJ

b) Man teilt die gesamte Energiereserve durch den Grundumsatz und erhält für Person 1 etwa 93 Tage und für Person 2 etwa 334 Tage. Person 2 könnte also bei Beschränkung auf den Grundumsatz fast ein Jahr lang ohne weitere Energiezufuhr mit der Nahrung auskommen!

c) Man benötigt das 39:17,2-fache an Kohlenhydraten, um dieselbe Energiemenge wie in Fetten zu speichern. Person 1 und 2 würden somit zusätzlich rund 34,0 kg beziehungsweise 145,1 kg und insgesamt etwa 36,2 kg beziehungsweise 147,4 kg Glykogen benötigen, um auch die gesamte in Fetten gespeicherte Energie in Kohlenhydraten zu speichern.

5 Energieaufwand bei der Fortbewegung des Menschen

a) Es wird für die Fortbewegung bei drei verschiedenen Steigungen der Sauerstoffverbrauch pro Kilogramm Körpermasse und Stunde in Abhängigkeit von der Geschwindigkeit dargestellt. Man sieht jeweils eine zweigeteilte Kurve mit einem Abschnitt sich verändernder Steigung (erst steil, dann flacher und schließlich wieder zunehmend steiler) bei niedrigen Geschwindigkeiten (Gangart „Gehen") und einem geradlinigen Anstieg bei höheren Geschwindigkeiten (Gangart „Laufen"). Beide Kurvenabschnitte schneiden sich. Bei jeder Geschwindigkeit wird bergauf mehr Sauerstoff verbraucht als auf ebener Strecke. Bergab wird noch weniger Sauerstoff benötigt. Der Schnittpunkt zwischen den Kurvenstücken für das Gehen und das Laufen liegt bergauf bei einer etwas geringeren und bergab bei einer etwas höheren Geschwindigkeit als der der ebenen Strecke.

b) Auch bei $v = 0$ ist der Stoffwechsel eines Menschen im Gang. Es muss wenigstens soviel Sauerstoff verbraucht werden, wie für den Grundumsatz benötigt wird.

c) Der angegebene Sauerstoffverbrauch ist proportional zum Energieumsatz. Wenn bei einer bestimmten Geschwindigkeit zwei oder mehr verschiedene Gangarten möglich sind, sollte diejenige gewählt werden, die mit dem geringeren Energieumsatz verbunden ist. Bei niedrigen Geschwindigkeiten liegt die Kurve für das Gehen unter der Verlängerung der Kurve für das Laufen. Offenbar ist es schon hier, ganz sicher aber kurz vor dem Schnittpunkt der beiden Kurvenabschnitte, energetisch günstiger zu gehen als zu laufen. Dort, wo sich die Kurven für das Gehen und Laufen schneiden, sind beide Fortbewegungsarten energetisch gleichwertig. Hier sollte der Wechsel der Gangart erfolgen. Mit zunehmender Geschwindigkeit wachsen die Energiekosten für das Gehen dann überlinear rasch an, während die Kosten für das Laufen nur linear ansteigen und somit deutlich niedriger bleiben.

d) Bei einer Fortbewegungsgeschwindigkeit von zehn Kilometern pro Stunde beträgt der Sauerstoffverbrauch pro Stunde und Kilogramm Körpermasse etwa bergauf 2,8 l, auf ebener Strecke 2,3 l und bergab 1,8 l.

Bei einem Energieäquivalent von 20,41 kJ pro Liter Sauerstoff ergibt das einen stündlichen Energieumsatz pro Kilogramm Körpermasse von 57 kJ bergauf, 47 kJ auf ebener Strecke und 37 kJ bergab.

6 Alkoholische Getränke anders hergestellt

Die Stärke aus der Wurzel wird durch die α-Amylase des Speichels zu Maltose gespalten. Dieser Prozess findet schon im Mund statt und wird in dem Topf, in den der zerkaute, mit Speichel vermischte Brei gespuckt wird, fortgesetzt. Die Maltose kann nun durch Hefen und Bakterien zu Ethanol vergoren werden.

Hinweis: Der Sauerstoffaustausch an der Oberfläche des Breis ist offenbar so gering, dass bei intensiver Stoffwechseltätigkeit von Hefen und Bakterien im Inneren des Breis ein weitgehend anaerobes Milieu herrscht.

7 Bindung von Kohlenstoffmonooxid an Hämoglobin

Die Zahl der nicht von Kohlenstoffmonooxid belegten Sauerstoff-Bindungsstellen am Hämoglobin ist in beiden Fällen gleich. Die Hälfte der normalen Hämoglobinmenge reicht offenbar aus, um den Körper ohne größere Schäden mit Sauerstoff zu versorgen.

Das gilt nicht im Fall der Kohlenstoffmonooxid-Vergiftung. Kohlenstoffmonooxid bindet fester an das Hämoglobin als Sauerstoff. Wenn in einem Hämoglobin-Molekül nur eine Bindungsstelle mit Kohlenstoffmonooxid besetzt ist, kann an die anderen Bindungsstellen kein Sauerstoff mehr gebunden werden. Daher kann bei einer Blockierung von 50 Prozent der Bindungsstellen kaum noch Sauerstoff transportiert werden.

Hinweis: Die Bindung von Kohlenstoffmonooxid bewirkt eine Verschiebung der Sauerstoffbindungskurve nach links, sodass die Abgabe des restlichen Sauerstoffs in den Körpergeweben zusätzlich erschwert wird.

8 Blutdruck bei Giraffen

a) Der Blutdruck einer Giraffe hängt von der Halsstellung ab. Bei aufgerichtetem Hals beträgt der Blutdruck in der Aorta nahe dem Herzen 280 mm Hg. Bei dem halb aufgerichtetem Hals einer mit dem Rumpf auf dem Boden liegenden Giraffe sinkt der Blutdruck auf 200 mm Hg. Wenn die Giraffe auch mit dem Hals dem Boden aufliegt, beträgt der Blutdruck nur noch 160 mm Hg. Der Blutdruck am Herzen ist also umso höher, je weiter sich der Kopf über dem Herz befindet.

b) Je weiter der Kopf über dem Rumpf und damit über dem Herzen liegt, desto mehr Druck ist erforderlich, um das Blut in den Kopf zu pumpen. Bei weniger hoch gehaltenem Kopf muss der Blutdruck in Herznähe gesenkt werden, da sonst der Druck im Gehirn zu groß werden würde.

c) Bei tief gehaltenem Kopf verhindern die Ventile in den Venen einen Rückstrom von venösem Blut in das Gehirn.

Besonders kritisch wird es, wenn der Kopf rasch gesenkt wird. Der Blutdruck am Herzen kann nicht sofort reduziert werden. Dennoch muss verhindert werden, dass zu viel Blut unter hohem Druck in das Gehirn gepresst wird. Hierzu ist die hohe Elastizität der Halsarterien vorteilhaft. Bei einem Druckanstieg dehnen diese sich schnell aus und nehmen infolgedessen ein größeres Blutvolumen auf, sodass der Blutfluss in das Gehirn nicht plötzlich stark ansteigt.

Die große Aufnahmekapazität der Halsvenen ermöglicht einen Abfluss von Blut aus dem Gehirn auch dann, wenn sich kurzzeitig vermehrt Blut in den Venen befindet.

d) Wird der Kopf plötzlich angehoben, so verringert sich der Blutdruck im Kopf schnell. Das kann zu einer Ohnmacht führen, ähnlich wie das auch beim Menschen bei schnellem Aufrichten aus einer liegenden Position vorkommt. Die Elastizität der Halsarterien ist auch in diesem Fall von Nutzen. Sinkt der Blutdruck im Hals durch das rasche Anheben des Kopfes, so ziehen sich die Arterien zusammen und geben vermehrt Blut an das Gehirn ab.

e) Die Ultrafiltration des Blutes in den Nieren erfolgt durch den Druck des Blutes in den Kapillaren der Glomeruli. Daher ist die Leistung der Nieren auch vom Blutdruck abhängig. Ein zu hoher Blutdruck kann die Kapillaren in den Nieren schädigen.

9 Hauttemperatur bei Robben

a) Die Wärmeabgabe über die Haut kann durch eine Veränderung der Hautdurchblutung reguliert werden.

Dies geschieht durch Kontraktion oder Erweiterung von Blutkapillaren in der Haut.

b) Über die warmen Fenster kann rasch Wärme an die Umgebung abgegeben werden, um eine Überhitzung zu vermeiden, etwa nach hoher Aktivität.

Hinweis: Viele Endotherme besitzen spezielle Körperregionen, über die besonders gut Wärme abgegeben werden kann. Oft handelt es sich bei solchen Wärmefenstern um Körperanhänge wie die Ohren.

c) Bei erwachsenen Robben verhindert eine dicke Fettschicht die Wärmeabgabe über die Bauchhaut. Bei jungen Robben ist die Fettschicht dagegen weniger dick. Die Wärmeabgabe über die Bauchhaut kann nicht im gleichen Maße wie bei erwachsenen Robben reduziert werden. Bei zu großer Wärmeabgabe über die Bauchhaut taut das angrenzende Eis, die Robbe sinkt ein, kühlt dann ab und friert fest.

10 Das Gegenstromprinzip

a) Bei kalter Umgebung, insbesondere wenn die Gans auf Eis steht, kühlt das Blut in den Arterien immer mehr ab, je weiter es in den Fuß gelangt. In den Venen wird das Blut nahe an den Arterien zum Körper zurückgeführt (Gegenstrom). Dadurch nimmt es Wärme von den Arterien auf. Wegen dieses Wärmeaustausches beträgt der Temperaturunterschied zwischen benachbarten Abschnitten von Venen und Arterien überall nur wenige Grad.

b) Durch den Wärmeaustausch zwischen arteriellem und venösem Blut wird ein großer Teil der in den Fuß gelangenden Wärmeenergie zurückgewonnen. Da der Wärmeaustausch schon im rumpfnahen Fußabschnitt beginnt, ist die Temperatur des Blutes in den rumpffernen Fußbereichen nicht viel höher als die der Umgebung, sodass nur wenig Wärme nach außen abgegeben wird.

11 Lungen bei Wirbeltieren

a) Die linke Lunge weist nur wenige einfache Falten auf. Die mittlere Lunge ist mehrfach gefaltet, wodurch sich eine erhebliche Oberflächenvergrößerung ergibt. In der rechten Lunge verzweigen sich röhrenförmige Luftwege (Bronchien und Bronchiolen), die in Luftsäckchen münden, die jeweils noch weiter untergliedert sind und in Lungenbläschen enden. Die rechte Lunge weist eine noch weitergehendere Oberflächenvergrößerung auf als die mittlere Lunge.
Bei allen drei Lungentypen wird die Oberfläche von einem engen Netz von Blutkapillaren umsponnen, sodass ein intensiver Austausch von Sauerstoff und Kohlenstoffdioxid zwischen der Atemluft und dem Blut erfolgen kann.

b) links: Amphibien
in der Mitte: Reptilien
rechts: Säugetiere

c) Die Haut von Amphibien ist feucht und dünn, eignet sich daher gut zum Gasaustausch. Die mit Hornschuppen oder Hornplatten bedeckte Haut von Reptilien ist fest und trocken. Außerdem sind viele Reptilien zumindest zeitweise so aktiv, dass die begrenzte Körperoberfläche nicht für den erforderlichen Gasaustausch ausreichen würde.

12 Sauerstoffspeicher bei Menschen und Robben

a) Menschen speichern Sauerstoff vor allem in den Lungen und im Blut. Bei Robben dominiert das Blut als Sauerstoffspeicher. Sie können auf die Körpermasse bezogen mehr als die dreifache Sauerstoffmenge im Blut speichern als ein Mensch im Blut oder in der Lunge. Die Lungen spielen bei Robben kaum eine Rolle als Sauerstoffspeicher. Dafür können sie im Muskelgewebe fast soviel Sauerstoff speichern wie Menschen in ihren Lungen.

b) Eine große Lunge wäre für tief tauchende Tiere problematisch, da sich das Lungenvolumen beim Tauchen unter hohem Wasserdruck stark reduziert. Bei einem großen Luftvolumen in der Lunge wäre der Auftrieb sehr von der Tauchtiefe abhängig. Außerdem könnte Stickstoff in die Gewebe gepresst werden und beim Auftauchen zur Taucherkrankheit führen.

c) Durch einen hohen Gehalt an Hämoglobin beziehungsweise Myoglobin in Blut und Muskelgewebe sowie durch ein großes Blutvolumen kann die hohe Sauerstoff-Speicherfähigkeit bei Robben erreicht werden.

d) Robben gehen unter Wasser sehr sparsam mit dem Sauerstoff um. Nur Organe wie das Gehirn und das Herz, die während des Tauchens unbedingt viel Sauerstoff benötigen, werden entsprechend versorgt. Andere Organe, etwa das Verdauungssystem, werden während der Tauchgänge regelrecht abgestellt.

13 Die „physikalische Kieme"

a) Kiemen nehmen aus dem Wasser gelösten Sauerstoff auf. An der Grenzfläche zwischen der Luftblase und dem Wasser entsteht ein Konzentrationsgefälle für den Sauerstoff, sodass dieser aus dem Wasser in die Luftblase diffundiert.

b) Der Sauerstoff diffundiert aus dem Wasser in die Tracheenkiemen. In diese führen dünne Verzweigungen der Tracheenröhren. Durch die Pumpbewegungen des Enddarms wird mit dem frischen Wasser auch neuer Sauerstoff an die Tracheenkiemen herangeführt.

14 Durst bei Schiffbrüchigen

a) Der Wasserverlust beträgt täglich 1,4 Liter. Der Körper gerät bereits am zweiten Tag in Wasserstress. Die Erhöhung der Osmolarität des Blutplasmas aktiviert das Durstzentrum im Gehirn.

b) Durch Trinken von Meerwasser kann die Wasserbilanz nicht ausgeglichen werden. Wenn dem Körper vermehrt Salz zugeführt wird, scheiden die Nieren dieses Salz wieder aus. Um 27 Gramm Salz auszuscheiden, müssen die Nieren etwa 3,5 Liter Harn bilden. Das Trinken von Meerwasser führt also zu einer weiteren Erhöhung der Osmolarität des Blutplasmas; der Durst wird somit stärker.

c) Die Nieren entnehmen das auszuscheidende Wasser aus dem Blutplasma, wodurch Wasser aus den Körpergeweben in das Blut nachströmt. So werden allen Körpergeweben lebensnotwendige Wasservorräte entzogen. Die Zellen, insbesondere die Nervenzellen, zeigen Funktionsstörungen, die zur Bewusstlosigkeit und schließlich zum Tod führen können.

15 Länge der HENLEschen Schleifen

a) *BOWMAN-Kapsel mit Glomerulus:* Bildung des Primärharns (Ultrafiltrat)
kapselnaher Tubulus: Rückgewinnung von Nährstoffen und einigen Ionen aus dem Primärharn, mäßige Konzentrierung des Primärharns durch Wasserentzug
HENLEsche Schleife: starke Konzentrierung des Harns durch Wasserentzug, Beitrag zum Aufrechterhalten des osmotischen Gradienten in der Niere durch die Abgabe von Natrium-Ionen
kapselferner Tubulus: Regulation des pH-Wertes und anderer Ionenkonzentrationen durch aktiven Ionentransport

b) Das Konzentrierungsvermögen der Nieren ist etwa proportional zur Länge der HENLEschen Schleifen. Beim Frosch sind die HENLEschen Schleifen sehr kurz, das Konzentrierungsvermögen der Nieren ist hier sehr gering. Der Harn besitzt beim Frosch den gleichen osmotischen Wert wie das Blutplasma. Auch der Biber hat ein geringes Konzentrierungsvermögen der Nieren. Das andere Extrem sind typische Wüstentiere. Hier sind die HENLEschen Schleifen besonders lang, und das Konzentrierungsvermögen der Nieren ist besonders hoch.

c) Frosch und Biber leben in feuchter Umgebung oder sogar im Wasser. Es besteht daher keine Notwendigkeit, mit Wasser zu haushalten. Je trockener die Umgebung ist, desto geringer müssen die Wasserverluste des Harns gehalten werden. Das gilt in besonderem Maße für Wüstentiere, die entsprechend lange HENLEsche Schleifen besitzen.

Seite 84 bis 85

PRAKTIKUM: Stoffwechsel bei Mensch und Tier

1 Katalytische Zersetzung von Wasserstoffperoxid

a) In den ersten beiden Reagenzgläsern bilden sich nach kurzer Zeit viele Bläschen. Ein in diese Reagenzgläser gehaltener glimmender Span leuchtet hell auf. Im dritten Reagenzglas bilden sich keine Bläschen und der Glimmspan zeigt keine Reaktion.

b) Braunstein katalysiert die Reaktion von Wasserstoffperoxid zu Wasser und Sauerstoff.

$$2\ H_2O_2 \xrightarrow{MnO_2} 2\ H_2O + O_2$$

c) Kartoffel- und Leberzellen enthalten ebenfalls einen Katalysator für die Zersetzung von Wasserstoffperoxid zu Wasser und Sauerstoff.

d) Der Ansatz im dritten Reagenzglas dient der Kontrolle. Ein Kontrollansatz ist notwendig, um auszuschließen, dass die Zersetzung von Wasserstoffperoxid unter den Laborbedingungen auch ohne Katalysator abläuft.

2 Einfluss von Hitze auf die Enzymwirkung

a) Es bilden sich Bläschen auf der Schnittfläche der Kartoffel mit Ausnahme des Bereichs, auf dem die heiße Münze lag.

b) Die Katalase wird durch die Hitze deaktiviert.

c) Durch die Hitze wird die dreidimensionale Struktur des Enzyms verändert (das Enzym wird denaturiert). Dadurch geht seine Funktion verloren. Die Denaturierung bei Hitze ist auf das Lösen verschiedener schwacher Wechselwirkungen innerhalb des Proteins zurückzuführen. Beim Abkühlen werden nicht mehr dieselben schwachen Bindungen hergestellt, sodass die Inaktivierung des Enzyms irreversibel ist.

3 Einfluss der Substratkonzentration auf die Geschwindigkeit einer chemischen Reaktion

a) Die nach fünf Minuten gemessene Schaummenge steigt mit der Konzentration von Wasserstoffperoxid an. Ab einer Konzentration von zwei Prozent Wasserstoffperoxid ist dieser Anstieg jedoch nur noch gering. Zwischen den beiden Ansätzen mit den höchsten Wasserstoffperoxidkonzentrationen ist kaum ein Unterschied in der Schaummenge erkennbar.

b) Die in der Kartoffel oder Leber enthaltene Katalase bewirkt eine Zersetzung von Wasserstoffperoxid zu Wasser und Sauerstoff. Das frei werdende Sauerstoffgas ist für die Schaumbildung verantwortlich. Die Schaummenge ist also etwa proportional zur Menge des entstandenen Sauerstoffs und somit auch zur Menge des zersetzten Wasserstoffperoxids (das Substrat der Reaktion). Somit ist die in einer bestimmten Zeit (fünf Minuten) gebildete Schaummenge ein Maß für die pro Zeit umgesetzte Substratmenge und damit ein Maß für die Reaktionsgeschwindigkeit.

c) Die Reaktionsgeschwindigkeit nimmt bei Erhöhung der Substratkonzentration zunächst schnell und fast linear zu. Mit zunehmender Substratkonzentration verringert sich der Anstieg der Reaktionsgeschwindigkeit. Schließlich nähert sich die Reaktionsgeschwindigkeit einem Maximalwert.

d) Sind wenige Substratmoleküle in der Lösung, so sind die meisten aktiven Zentren der Enzyme frei. Wird die Substratkonzentration erhöht, steigt der Anteil an besetzten aktiven Zentren und damit auch der Substratumsatz pro Zeit, das heißt die Reaktionsgeschwindigkeit. Bei weiter steigender Substratkonzentration sind bald die meisten aktiven Zentren besetzt, sodass zusätzliche Substratmoleküle kaum noch freie aktive Zentren finden. Folglich steigt die Reaktionsgeschwindigkeit kaum noch mit der Substratkonzentration an. Sind bei sehr hohen Substratkonzentrationen fast alle aktiven Zentren besetzt, hat ein weiterer Anstieg der Substratkonzentration praktisch keinen Einfluss auf die Reaktionsgeschwindigkeit mehr.

4 Einfluss von Säure auf die Wirkung der α-Amylase

a) Unter Einfluss der LUGOLschen Lösung färbt sich der Ansatz im ersten und dritten Reagenzglas tief blau-violett, der Ansatz im zweiten Reagenzglas nimmt die schwach rötliche Farbe der verdünnten LUGOLschen Lösung an.

b) Wie die Farben der Lösungen zeigen, wurde die Stärke im zweiten Reagenzglas abgebaut, während das erste und dritte Reagenzglas noch Stärke enthalten. Der Stärkeabbau erfolgte durch die α-Amylase im Speichel. Zwischen dem ersten Reagenzglas (saures Milieu) und dem Kontrollansatz im dritten Reagenzglas ist kein Farbunterschied feststellbar. Man kann daraus folgern, dass die α-Amylase im sauren Milieu keine nennenswerte Aktivität aufweist.

c) Die α-Amylase ist ein Biokatalysator (Enzym), der die Aktivierungsenergie der Spaltungsreaktion von Stärke in Maltose herabsetzt. Dadurch wird diese Reaktion derart beschleunigt, dass sie auch unter Laborbedingungen schnell abläuft. Die Wirkung von Enzymen wie der α-Amylase hängt jedoch von äußeren Faktoren wie dem pH-Wert ab: Im neutralen pH-Bereich verringert die α-Amylase die Aktivierungsenergie der Spaltungsreaktion von Stärke erheblich, im sauren Milieu aber nicht nennenswert.

d) Änderungen im pH-Wert verändern die Ladungsverteilung in einem Protein und beeinflussen somit Wechselwirkungen innerhalb des Proteins. Entsprechend ist die dreidimensionale Struktur eines Enzyms wie der α-Amylase vom pH-Wert abhängig. Nur in einem begrenzten pH-Bereich nimmt das Enzym eine funktionstüchtige Form an. So wirkt die α-Amylase im neutralen Milieu des Speichels optimal. Je weiter der pH-Wert vom Optimum entfernt liegt, desto mehr verändert sich die Struktur des Enzyms, und desto geringer ist seine Aktivität. In einem stark sauren Milieu ist die α-Amylase daher unwirksam.

e) In Übereinstimmung mit den Versuchsergebnissen weist die α-Amylase etwa zwischen pH 6 und pH 7,5 eine hohe Aktivität auf, ist im sauren Milieu (pH 5 und niedriger) aber ebenso unwirksam wie im alkalischen Milieu (oberhalb von pH 8 bis 9).

5 Pepsinwirkung auf Eiweiß

In dem Reagenzglas mit Wasser befindet sich das Eiweißstück noch, in dem Reagenzglas mit Salzsäure ist es nicht mehr sichtbar.

Die Wirkung eines Enzyms hängt vom pH-Wert des Milieus ab. Pepsin ist ein Magenenzym, dessen Wirkung bei einem pH-Wert zwischen 1 und 2 (genauer bei pH 1,7) optimal ist. Die Aktivität von Pepsin wird mit zunehmendem Abstand des pH-Wertes vom Optimum rasch geringer. Im neutralen Bereich ist Pepsin unwirksam. Daher wird das Eiweißstück in Wasser (pH 7) nicht von Pepsin abgebaut. Der pH-Wert einer Salzsäurelösung von 0,1 mol/l beträgt 1, liegt also nahe am Aktivitätsoptimum von Pepsin. Eiweiß wird in diesem Milieu von Pepsin abgebaut.

Hinweis: Die pH-Verschiebung durch Zugabe des Eiweißes kann hier vernachlässigt werden.

6 Fettverdauung

a) In dem Reagenzglas mit Pankreatin verschwindet die Rotfärbung wieder, während sie in dem anderen Reagenzglas erhalten bleibt. Pankreatin enthält Enzyme, die Fette spalten. Dabei werden Fettsäuren freigesetzt. Diese Säuren verringern den pH-Wert der Milch. Fällt der pH-Wert unter 8,4, so wird Phenolphthalein farblos.

b) Durch Hinzufügen von Natriumcarbonatlösung kann der pH-Wert der Milch langsam erhöht und auf etwas mehr als 8,4 eingestellt werden. Die schwach basische Wirkung von Natriumcarbonat beruht auf der Reaktion von Carbonat-Ionen und Protonen unter Bildung von Kohlensäure und Hydrogencarbonat-Ionen. Hierdurch wird die Konzentration an gelösten Protonen verringert und somit der pH-Wert erhöht.

Der Indikator hat bei diesem Versuch eine Doppelfunktion. Erstens kann mithilfe eines Indikators mit Farbumschlag im schwach alkalischen Bereich leicht ein schwach alkalisches Milieu eingestellt werden. Im schwach alkalischen Bereich wirken die Enzyme der Bauchspeicheldrüse optimal. Zweitens dient Phenolphthalein zum Nachweis der Fettspaltung, wie oben – siehe a) – bereits beschrieben wurde.

7 Nachweis der Bildung von Kohlenstoffdioxid bei der Atmung

a) Kalkwasser wird durch Kohlenstoffdioxid getrübt. Die beiden Erlenmeyerkolben mit Kalkwasser auf der linken Seite (Einatmung) gewährleisten, dass nicht schon in der eingeatmeten Luft Kohlenstoffdioxid enthalten ist. Bereits im ersten Gefäß wird das Kohlenstoffdioxid aus der Umgebungsluft gefiltert. Der zweite Kolben dient dem Nachweis, dass sich tatsächlich (fast) kein Kohlenstoffdioxid mehr in der eingeatmeten Luft befindet. Auf der rechten Seite reicht ein Gefäß mit Kalkwasser aus, um den Nachweis von Kohlenstoffdioxid in der ausgeatmeten Luft zu erbringen.

Hinweis: Man kann auch auf der Ausatmungsseite noch einen zweiten Kolben anhängen, wenn man sicherstellen möchte, dass praktisch das gesamte ausgeatmete Kohlenstoffdioxid im ersten Kolben bleibt. Das ist erforderlich, wenn eine quantitative Bestimmung der ausgeatmeten Kohlenstoffdioxidmenge erfolgen soll.

b) Die ausgeatmete Luft trübt das Kalkwasser schon nach wenigen Atemzügen deutlich. Je nachdem wie viel man atmet, kann sich auch die Lösung im ersten Kolben auf der Einatmungsseite etwas trüben. Die Lösung im zweite Kolben, der von der eingeatmeten Luft durchströmt wird, bleibt klar.

c) Kohlenstoffdioxid verbindet sich mit Calciumhydroxid zu Calciumcarbonat (Kalk), das aus der Lösung ausfällt und somit zu einer Trübung führt:
$Ca(OH)_2$ (aq) + CO_2 (g) → $CaCO_3$ (s) + H_2O (l)
Da die ausgeatmete, nicht aber die eingeatmete Luft das Kalkwasser trübt, muss das in der ausgeatmeten Luft nachgewiesene Kohlenstoffdioxid durch die Atmung in die Luft gelangt sein. An der geringen Trübung im ersten Gefäß auf der Einatmungsseite kann man zudem erkennen, dass sich viel mehr Kohlenstoffdioxid in der ausgeatmeten Luft als in der Umgebungsluft befindet.

8 Quantitative Bestimmung der Kohlenstoffdioxidmenge in der Atemluft

a) Die Nachweisreaktion findet in der Lösung im Glaskolben statt. Der Nachweis des Kohlenstoffdioxids in der Atemluft beruht bei diesem Versuch auf der Reaktion von Kohlenstoffdioxid und Natronlauge zu Natriumcarbonat (Soda) und Wasser, wobei die alkalische Lösung neutralisiert wird:
2 $NaOH$ + CO_2 → Na_2CO_3 + H_2O
Die Neutralisation der Lösung kann mit einem Indikator wie Phenolphthalein nachgewiesen werden, dessen Umschlagpunkt nicht zu weit von pH 7 entfernt liegt.
Mit dem Kolbenprober kann die zur Neutralisation der Lösung erforderliche Menge Atemluft genau abgemessen werden. Mit dem Dreiwegehahn lassen sich die Luftwege unkompliziert umstellen. Die Einleitung der Atemluft in die Nachweislösung im Glaskolben erfolgt über einen Aquariumstein, um die Größe der Luftbläschen zu verringern. Dadurch vergrößert sich das Verhältnis aus Oberfläche zu Volumen der Bläschen, sodass das Kohlenstoffdioxid aus der Atemluft besser mit der Natronlauge reagieren kann. Die Abluftleitung im Glaskolben dient dem Abbau von Überdruck im System.

b) Bei der Neutralisation der Natronlauge wird pro zwei Mol Natriumhydroxid ein Mol Kohlenstoffdioxid gebunden. Die Lösung enthält insgesamt 0,2 mmol Natronlauge. Zur Neutralisation sind also 0,1 mmol Kohlenstoffdioxid erforderlich, das sind 4,4 mg. Diese Menge Kohlenstoffdioxid ist also in dem Atemluftvolumen enthalten, das zur Neutralisation benötigt wird.
Den Anteil an Kohlenstoffdioxid in der Atemluft kann man in Volumenprozent angeben. Dazu muss das Volumen von 4,4 mg Kohlenstoffdioxid berechnet und in Relation zum gesamten benötigten Atemluftvolumen gestellt werden. Das Volumen von 4,4 mg Kohlenstoffdioxid lässt sich aus dem Molvolumen von Gasen ermitteln. Bei Normbedingungen (Temperatur: 0 °C; Druck: 101,3 kPa) nimmt ein Mol Gas ein Volumen von rund 22,4 l ein. 4,4 mg (= 0,1 mmol) Kohlenstoffdioxid nehmen dann ein Volumen von 2,24 ml ein. Bei höheren Temperaturen verändert sich auch das Molvolumen. Bei 20 °C, also etwa 293 K, beträgt es rund 293/273 · 22,4 l (Druck: 101,3 kPa). Das sind ungefähr 24 l. 0,1 mmol Kohlenstoffdioxid-Gas haben dann ein Volumen von etwa 2,4 ml.

8 Aufnahme und Transport von Stoffen bei Pflanzen

Seite 86

1. Das Wasserpotenzial gibt an, inwieweit Wasser von einem System zu einem anderen System gelangen kann.
Wenn feuchter Boden und trockener Boden sich an einer Grenzfläche berühren würden, wäre eine Bewegung von Wasser in Richtung des trockenen Bodens festzustellen. Die Stärke des Wasserpotenzials ist definiert durch den Druck, der notwendig wäre, die Bewegung des Wassers zu stoppen. Da eine Gegenkraft mit negativem Vorzeichen gekennzeichnet wird, hat der trockene Boden ein negatives Wasserpotenzial gegenüber dem feuchten Boden.

Seite 87

PRAKTIKUM: Wasserhaushalt bei Pflanzen

1 Messung der Transpiration

a) Die Luftblase wandert gleichmäßig schnell in Richtung des Erlenmeyerkolbens. Die grafische Darstellung ergibt annähernd eine ansteigende Gerade.

b) Der Anstieg der Geraden ist deutlich geringer.

c) Die Wanderung der Luftblase beruht auf der Entstehung eines Unterdrucks im Erlenmeyerkolben. Der Unterdruck ist auf den Wasserverlust über die Verdunstungsleistung (Transpiration) des Zweigs zurückzuführen. Die Transpirationsleistung von Laubblättern ist deutlich höher als die von Nadelblättern. Letztere weisen eine geringere Oberfläche auf und besitzen zusätzlich verdunstungshemmende Einrichtungen.

d) Die Verdunstung wird durch die Vaseline verhindert. Vaseline ist wasserundurchlässig und bildet dadurch eine verdunstungshemmende Schicht auf der Blattoberfläche.

e) Der größte Teil der Transpiration erfolgt durch die Spaltöffnungen. Da sich diese bei vielen Laubblättern weitgehend oder ausschließlich auf der

Blattunterseite befinden, dürfte die Vaselineschicht auf der Oberseite die Verdunstung nur geringfügig beeinträchtigen, auf der Unterseite jedoch stark.

2 Randeffekt

a) Die Fläche des Loches in Petrischale 1 beträgt 78,5 mm², die Fläche der 50 Löcher in Petrischale 2 ist 39,25 mm² groß. Die Oberfläche der Löcher ist in Petrischale 2 demnach doppelt so groß wie in Petrischale 1. Dementsprechend sollte die Verdunstungsleistung in Petrischale 2 nur halb so groß sein wie in Petrischale 1.
b) Die Gewichtsabnahme ist in Petrischale 2 höher als in Petrischale 1. Dies bedeutet eine höhere Verdunstung.
c) Die Verdunstungsleistung über kleine Löcher ist größer als über ein großes Loch. Dies entspricht bei grünen Blättern der Verdunstung über die Stomata.
d) Mit diesem Modellversuch kann der Einfluss des Randeffekts auf die Verdunstungsleistung demonstriert werden. Bei grünen Blättern kommen jedoch noch weitere Effekte wie zum Beispiel die kutikuläre Transpiration oder die Bewegung der Schließzellen dazu.

3 Kapillarwirkung

a) In engen Kapillaren steigt das Wasser höher als in weiten Kapillaren. Wassermoleküle ziehen sich aufgrund ihrer Dipoleigenschaft gegenseitig an (Kohäsion). Dazu kommt die Adhäsion, die auf Anziehungskräften zwischen den Wassermolekülen und der Röhrenwand beruht.
b) In den Leitbündeln von Sprossachsen liegen enge Leitungsröhren vor, in denen das Wasser aufgrund von Kapillarkräften hochsteigt. Dieser Effekt ist jedoch nicht groß genug, um die Wasserversorgung der Blätter zu erklären.

4 Osmometer

a) Der Dialyseschlauch stellt eine halbdurchlässige (semipermeable) Membran dar. Im Glasrohr befindet sich eine Zuckerlösung, außerhalb der Membran reines Wasser. Aufgrund von Osmose dringt Wasser in das Glasrohr ein. Die Wassersäule im Kapillarrohr steigt.
b) Auch in den Wurzel- und Sprossgeweben einer Pflanze spielen osmotische Vorgänge eine Rolle. Die Zellen der Endodermis transportieren Wasser mit Mineralstoffen aus den lebenden Zellen der Wurzelrinde in die Leitungsbahnen des Xylems. Durch Osmose strömt Wasser nach, sodass ein Wurzeldruck aufgebaut wird.

5 Welken von Schnittblumen

Durch das Trocknen der Schnittfläche dringt Luft in die Leitungsbahnen des Xylems ein. Die Luft unterbricht die „Wasserfäden" in den Kapillaren. Auch eine anschließende Versorgung mit Wasser kann den Wassertransport in den Xylemröhren nicht wiederherstellen. Diese Schnittblume welkt deutlich früher als die sofort nach dem Abschneiden in die Vase gestellte Schnittblume.

Seite 90

1. Gegen diese Annahme spricht, dass es auch Pflanzenarten gibt, in deren Schließzellen Chloroplasten fehlen und die demnach bei Belichtung kein Kohlenhydrat bilden können.

Seite 93

1.

Xylemröhren	Phloemröhren
Tracheiden, Tracheen	Siebröhren, Geleitzellen
tote Zellen	lebende Zellen
Querwände in Tracheen aufgelöst	Siebplatten
Wandversteifungen	dünnwandig
Transport von Wasser und Mineralstoffen	Transport von Assimilaten

Seite 94

1. Im Ringelungsversuch wird der Bast durchtrennt und damit der Assimilattransport aus den Blättern in die Wurzel unterbrochen. In einer krautigen Pflanze sind die Leitbündel entweder zerstreut (einkeimblättrige Pflanzen) oder ringförmig (zweikeimblättrige Pflanzen) angeordnet. Es gibt keinen Bast, in dessen Röhren Assimilate transportiert werden und der durch ein ringförmiges Ablösen der Rinde unterbrochen wird.

Seite 95

1. Das Bodenwasser gelangt auf zwei Wegen durch die Wurzelrinde bis zur Endodermis. Auf dem ersten Weg dringt das Wasser im Konzentrationsgefälle zwischen den Zellulosefasern der Zellwände bis zur Endodermis vor. Dort verhindert der CASPARYsche Streifen durch seine korkartigen Einlagerungen das weitere Vordringen des Wassers. Der zweite Weg des Wassers führt durch das Zellplasma der Rindenzellen ebenfalls bis zum Plasma der Endodermiszellen. Die Endodermiszellen geben dann das Wasser an die Xylemröhren im Zentralzylinder der Wurzel ab. In den Gefäßen des Zentralzylinders herrscht aufgrund der Transpiration der Blätter ein Unterdruck, der das Wasser aus den Endodermiszellen zieht.

2. Die Pflanze nimmt Kationen und Anionen durch Ionenaustauschprozesse mit den Tonmineralstoffen des Bodens auf. Kationen werden gegen Protonen ausgetauscht, Anionen gegen Hydrogencarbonat-Ionen. Die Ionenaufnahme erfolgt unter ATP-Verbrauch als selektiver Prozess. So versorgt sich die Pflanze vorwiegend mit Kalium- und Phosphat-Ionen. Die Ionen werden über die Protoplasten der Rindenzellen bis zur Endodermis transportiert und dann unter ATP-Verbrauch in die Xylemröhren abgegeben.

9 Aufbau von Nährstoffen bei Pflanzen

Seite 97

1. Zum Aufbau von Biomasse wird neben Kohlenstoffdioxid und Wasser auch Energie gebraucht. Als Energiequelle nutzen die Pflanzen das Sonnenlicht. In der Wipfelregion eines Waldes ist die Lichteinstrahlung wesentlich höher als am Boden des Waldes. Deshalb wird hier mehr Biomasse gebildet.
2. Die von den grünen Pflanzen durch Fotosynthese gebildete Biomasse ist sowohl stofflich als auch energetisch die Grundlage der Ernährung von Tieren (Konsumenten), aber auch von Kleinstlebewesen (Destruenten).
3. Wälder legen zwar – in geologischen Maßstäben – kurzfristig Kohlenstoff in ihrer Biomasse fest. Jedoch wird bei der Zersetzung von Laub und Holz im Kohlenstoffkreislauf der gebundene Kohlenstoff relativ schnell wieder in Kohlenstoffdioxid überführt. Das Wachstum der Wälder vermindert also kaum den Kohlenstoffdioxidgehalt der Atmosphäre und kann nicht als „Kohlenstoffsenke" bezeichnet werden.

Seite 98

1. Der Lichtkompensationspunkt kennzeichnet die Intensität des Lichtes, bei der genauso viel Kohlenhydrat durch Atmung verbraucht wie durch Fotosynthese gebildet wird. Wird der Lichtkompensationspunkt bei einer bestimmten Lichtintensität unterschritten, verkümmert die Pflanze und geht schließlich ganz ein. Schattenpflanzen können niedrige Lichtintensitäten besser nutzen als Sonnenpflanzen. Ihr Lichtkompensationspunkt liegt deutlich niedriger als der von Sonnenpflanzen.

Seite 99

1. Bei 520 nm ist die Lichtabsorption von Chlorophyll sehr gering, auch Carotin absorbiert in diesem Wellenlängenbereich sehr wenig Lichtenergie. Monochromatisches Licht dieser Wellenlänge bewirkt demnach kaum eine Fotosyntheseleistung. Dies zeigt auch der niedrige Wert im Wirkungsspektrum.

Seite 101

1. Der Begriff „Dunkelreaktion" impliziert, dass die maßgeblichen Prozesse im Dunkeln ablaufen. Dies ist jedoch nicht der Fall. Im Dunkeln kommt die Fotosynthese völlig zum Erliegen; es findet nur die Atmung statt.

Seite 102 bis 103

EXKURS: Fotosynthese – lichtabhängige Reaktionen

1. Ein Redoxsystem in einer Elektronentransportkette ist ein Protein oder Proteid, das ständig Elektronen aufnimmt und wieder abgibt, also zwischen oxidiertem und reduziertem Zustand wechselt. Im Fotosystem II mit dem Reaktionszentrum P_{700} werden durch Lichtanregung zwei Elektronen abgespalten und auf den primären Elektronenakzeptor übertragen. Dieser wird durch die Elektronenaufnahme reduziert, gibt aber sofort die Elektronen in der Elektronentransportkette weiter, wird also wieder oxidiert und steht damit bereit, neue Elektronen aufzunehmen.
2. Nach der MITCHELL-Hypothese wird sowohl an der Mitochondrien- als auch an der Thylakoid-Membran durch Protonenpumpen ein Protonengradient zwischen beiden Membranseiten aufgebaut. Der Protonentransport der Protonenpumpen erfolgt gegen das Konzentrationsgefälle. Nun wird dieser Protonengradient zur Energiebindung genutzt. Der Rücktransport der Protonen erfolgt über Tunnelproteine in der Membran. An diese Kanäle ist das Enzym ATP-Synthase angekoppelt, sodass die Energie der im Konzentrationsgefälle wandernden Protonen zum Aufbau von ATP dienen kann.
Aus der in der Schemazeichnung erkennbaren Orientierung der ATP-Synthase in der Membran kann die Wanderungsrichtung der Protonen abgeleitet werden. Der pH-Wert im Thylakoidinnenraum ist höher als im Thylakoidaußenraum beziehungsweise im Intermembranraum eines Mitochondriums höher als im Matrixraum.

Seite 104 bis 105

EXKURS: Fotosynthese – lichtunabhängige Reaktionen

1. Die allgemeine Formel eines Kohlenhydrats lautet $(CH_2O)_n$. Die Summenformel für Phosphoglycerinaldehyd lautet $C_3H_6O_3$, die für Phosphoglycerinsäure $C_3H_6O_4$. 3-PGA entsteht durch Reduktion von 3-PGS.

2. Ein Teil (12 Mol ATP pro Mol gebildeter Glucose) des in den lichtabhängigen Reaktionen gebildeten ATP wird zur Reduktion von 3-PGS zu 3-PGA verwendet. Weitere 6 Mol ATP werden zur Regeneration des Akzeptors Ribulose-1,5-bisphosphat im CALVIN-Zyklus verwendet.

Seite 106

1. Sowohl im Bau- als auch im Betriebsstoffwechsel werden Stoffe umgesetzt und finden endergonische beziehungsweise exergonische Reaktionen statt. Beispielsweise ist die Phosphorylierung von Glucose unter ATP-Verbrauch der Anfangsschritt in der Synthese von Stärke, aber auch im Zuckerabbau zur Energiegewinnung. Die Trennung der beiden Reaktionsgruppen ist ein reiner Formalismus.

2. Die Fotosynthese lieferte als „Abfallprodukt" Sauerstoffgas. Dieses Gas reicherte sich in der Erdatmosphäre allmählich an, wurde zur Grundlage der aeroben Abbauprozesse und damit einer effektiven Energieausnutzung organischer Verbindungen.

Seite 108

1. Gemeinsam ist den drei Pflanzengruppen die Synthese von Kohlenhydrat im CALVIN-Zyklus. Unterschiedlich ist die Fixierung des Kohlenstoffdioxids. Bei C_3-Pflanzen wird das CO_2 an den Akzeptor Ribulose-1,5-bisphosphat gebunden. Katalysator für diese Reaktion ist das Enzym Rubisco. Das erste stabile Folgeprodukt ist dann 3-PGA.
Bei C_4- und CAM-Pflanzen wird dagegen CO_2 an PEP gebunden. Es entsteht zuerst Oxalacetat, anschließend Malat. Als Katalysator dient hier das Enzym PEP-Carboxylase.

2. Die Fixierung von CO_2 kann wegen der geöffneten Stomata nur nachts erfolgen. Tagsüber sind die Spaltöffnungen geschlossen. Dies ist eine Angepasstheit an die Lebensbedingungen im natürlichen Lebensraum dieser Pflanzen (trocken-heiße Steppen und Wüsten). Die Fähigkeit, in diesen extremen Lebensräumen überdauern zu können, geht auf Kosten des Stoffumsatzes.

3. Wenn sich in der Mittagszeit eines heißen Sommertages die Stomata einer C_3-Pflanze schließen, überträgt das Enzym Rubisco nicht mehr CO_2 auf den Akzeptor Ribulose-1,5-bisphosphat, sondern Sauerstoffmoleküle. Der Akzeptor wird oxidiert. Die entstehenden Produkte werden aus den Chloroplasten hinaustransportiert und in Peroxisomen abgebaut. Bei diesem Abbau wird kein ATP gebildet und damit die Fotosyntheseleistung deutlich gemindert. An wasserarmen, trocken-heißen Standorten können deshalb C_3-Pflanzen nicht dauerhaft existieren.
C_4-Pflanzen besitzen das Enzym PEP-Carboxylase. Dieses Enzym hat eine deutlich höhere Affinität zu CO_2 als Rubisco. Deshalb erfolgt auch bei sehr geringer CO_2-Konzentration kein Stoffverlust durch Fotorespiration.

Seite 109

1. Die Schemadarstellung bezieht sich auf die lichtinduzierten Vorgänge an der Membran eines Halobakteriums. Der purpurrote Farbstoff Bakteriorhodopsin wird bei Lichtanregung als Protonenpumpe wirksam. Zuerst lagert der Farbstoff aus dem Zellinnenraum ein Proton an, dann spaltet er nach Lichtanregung dieses Proton in den Zellaußenraum ab. So werden die Protonen – angetrieben durch die Lichtenergie – gegen das Konzentrationsgefälle transportiert.
Der Aufbau eines Protonengradienten entspricht den Vorgängen an der Thylakoidmembran von Chloroplasten. Der Thylakoid-Außenraum entspricht also der Zellmembran der Halobakterien, der Thylakoid-Innenraum dem Zellinnenraum.
Sowohl in der Membran der Halobakterien, als auch in der Thylakoidmembran sind Ionenkanäle ausgebildet, durch die eine Rückwanderung der Protonen im Konzentrationsgefälle erfolgt, wobei am Enzym ATP-Synthase ATP aufgebaut wird.
Bei den Halobakterien dient die Lichtanregung des Farbstoffs nur der Energiebindung, während in Chloroplasten auch eine Synthese von Reduktionsäquivalenten erfolgt, wodurch die chemische Reduktion von Kohlenstoffdioxid in Kohlenhydrat ermöglicht wird.

AUFGABEN: Stoffwechselvorgänge bei Pflanzen

1 Wasserhaushalt bei Pflanzen

a) *A: Sprossachse einer zweikeimblättrigen Pflanze.* Die kambiumhaltigen Leitbündel (offene Leitbündel) sind ringförmig angeordnet und durch einen Kambiumring verbunden.
B: Wurzel. Der Zentralzylinder mit den sternförmig angeordneten Xylemröhren wird von der Endodermis und dem sich daran anschließenden Rindengewebe umgeben.
C: Sprossachse einer mehrjährigen, holzigen Pflanze. Vom Kambium wird nach innen Holz und nach außen Bast gebildet.
D: Sprossachse einer einkeimblättrigen Pflanze. Die Leitbündel sind zerstreut angeordnet und enthalten kein Kambium (geschlossene Leitbündel).

b)
1 Kambium	7 Rindengewebe
2 Phloem	8 Wurzelhaar
3 Xylem	9 Bast
4 Endodermis	10 Holz
5 Rhizodermis	11 Kambium
6 Zentralzylinder	12 Markgewebe

c) Die Endodermis liegt als einschichtiger Ring aus aneinander angrenzenden Zellen zwischen Zentralzylinder und Rindengewebe. In den Zellwänden sind korkartige Einlagerungen, die man als CASPARYschen Streifen bezeichnet. Diese verhindern das Vordringen des Wassers innerhalb der Zellwände aus dem Rindengewebe in den Zentralzylinder. Die Endodermiszellen transportieren das Wasser durch ihre Protoplasten in den Zentralzylinder und steuern dabei die Aufnahme von Mineralstoffen.

d) Ein Dickenwachstum wird in Schema C dargestellt. Darunter versteht man die kontinuierliche, über Jahre andauernde Verdickung der älteren Abschnitte von Sprossachse und Wurzeln. Es handelt sich um ein sekundäres Dickenwachstum, da sich zwischen den Leitbündeln ein neues Meristem in Form eines Kambiumringes ausbildet. Er bildet nach innen Zellen, die sich in Xylemelemente differenzieren und das Holz bilden. Nach außen erzeugt das Kambium Zellen, die sich in Phloemelemente umwandeln und die Rinde (Bast und Borke) bilden.

e) Das Wasserpotenzial gibt an, inwieweit Wasser von einem System zu einem anderen System gelangen kann. Die Stärke eines Wasserpotenzials wird durch den Druck definiert, der notwendig wäre, die Bewegung des Wassers zu stoppen. Da eine Gegenkraft mit negativem Vorzeichen gekennzeichnet ist, sind die Zahlenwerte von Wasserpotenzialen stets negativ. Ein Wasserpotenzial von −0,3 MPa (oder −3 bar; die Einheit bar wird in der Physiologie noch verwendet) kann den Wurzeln zugeordnet werden. Dieser Wert des Wasserpotenzials legt fest, dass Wasser vom feuchten Boden (0 MPa) durch das Wurzelgewebe in die Gefäße (−0,5 MPa bis −1,5 MPa) und in die Blätter (−0,5 MPa bis −2,5 MPa) gelangt.

2 Guttation

a) Zum einen könnte man das Guttationswasser auf die in der Phloemflüssigkeit enthaltenen Kohlenhydrate untersuchen und nach einem Ausschlussprinzip verfahren. Zum anderen könnte die Xylemflüssigkeit mit wasserlöslichem Farbstoff angefärbt werden.

b) Der aktive Ionentransport führt zu einer erhöhten Ionenkonzentration im Zentralzylinder. Auf osmotischem Wege strömt Wasser aus den Nachbargeweben nach. Dies führt zu einem erhöhten Wasservolumen im Zentralzylinder und damit zu einem Anstieg der Wassersäule in den Xylemröhren.

c) Am frühen Morgen ist meist die Luftfeuchtigkeit sehr hoch. Durch aktive Wasserausscheidung wird auch bei einer geringen Wasserpotenzialdifferenz zwischen Boden und Luft ein Wassertransport ermöglicht.

d) Trotz einer verminderten Transpirationsleistung durch die Spaltöffnungen erfolgt durch die Guttation weiterhin eine Versorgung der Pflanzengewebe mit Mineralstoffen aus dem Boden.

e) Als Folge der Blockade der Zellatmung in den Wurzelzellen erfolgt keine ATP-Synthese mehr. Dadurch ist auch kein aktiver Transport von Ionen aus den Protoplasten der Endodermiszellen in die Röhren des Zentralzylinders möglich.

3 Faktoren der Fotosynthese

a) Die Grafik beschreibt die Abhängigkeit der Fotosyntheseleistung von der Temperatur und von der Lichtintensität. Bei geringer Lichtintensität (also bei Schwachlicht) hat eine Temperaturerhöhung fast keinen Einfluss auf die Fotosyntheseleistung. Dagegen erhöht sich die Fotosyntheserate bei hoher Lichtintensität (Starklicht) entsprechend der RGT-Regel (bei einer Temperaturerhöhung um 10 °C erhöht sich die Reaktionsgeschwindigkeit etwa um das Doppelte).

b) Die unterschiedliche Fotosyntheseleistung bei Starklicht oder Schwachlicht zeigt, dass die Fotosynthese aus einer fotochemischen (temperaturunabhängigen) und einer biochemischen (temperaturabhängigen) Reaktionsfolge besteht. Den ersten Abschnitt der Fotosynthesereaktionen (also die fotochemische Reaktionsfolge) nennt man die „lichtabhängigen Reaktionen", den zweiten Teil die „lichtunabhängigen Reaktionen".

c) Bei Temperaturen über etwa 40 °C sinkt die Fotosyntheseleistung sowohl bei Starklicht als auch bei Schwachlicht gegen Null. Hier zeigt sich der Einfluss von Enzymhemmungen aufgrund der steigenden Temperatur.

4 Absorptionsspektrum eines Laubblatts

a) Das Spektrum ist ein Gesamtspektrum aller Blattfarbstoffe. Der Bereich von 550 bis 700 nm wird durch die Absorption von Chlorophyll a und b bestimmt, während der Bereich von 400 bis 550 nm zusätzlich vom Carotin geprägt wird. Dies ist am deutlichsten im Bereich von 500 bis 550 nm zu erkennen, in dem die beiden Chlorophylle fast nicht mehr absorbieren, jedoch die Absorption des Gesamtfarbstoffextrakts sehr hoch ist.

b) In einem gelb gefärbten Herbstblatt sind die Chlorophylle abgebaut. Die Farbe wird nur durch Carotinoide und Xanthophylle bestimmt. Das Absorptionsspektrum dieser Farbstoffe entspricht weitgehend dem des Carotins.

5 Bakteriochlorophyll

a) Der Wellenlängenbereich des sichtbaren Lichts liegt zwischen 400 und 700 nm. Das Bakteriochlorophyll absorbiert Wellenlängen um 500 nm. Dies entspricht dem Spektralbereich der Farbe Grün. Die Komplementärfarbe ist rot. Deshalb erscheinen diese Bakterien rot *(Rhodospirillum rubrum)*. Das Hauptabsorptionsmaximum zwischen 800 und 900 nm liegt außerhalb des Spektralbereichs für sichtbares Licht, nämlich im IR-Bereich.

b) Chlorophyll und Bakteriochlorophyll absorbieren jeweils in zwei Spektralbereichen. Dies weist auf lichtinduzierte Elektronenübergänge in zwei Anregungsniveaus hin. Chlorophyll absorbiert im Blau- und Rotbereich, das Bakteriochlorophyll im Grün- und IR-Bereich.

6 Modelldarstellung der lichtabhängigen Reaktionen

a)
- 1 Wasser
- 2 Sauerstoff
- 3 Protonen
- 4 Elektronen
- 5 P_{680} (Fotosystem II)
- 6 Licht
- 7 angeregtes P_{680}
- 8 P_{700} (Fotosystem I)
- 9 angeregtes P_{700}
- 10 Ferredoxin
- 11 $NADP^+$
- 12 $NADPH + H^+$
- 13 CALVIN-Zyklus
- 14 ADP + ⓟ
- 15 ATP

b) Beim zyklischen Elektronentransport werden Elektronen vom Ferredoxin auf den Cytochrom-bf-Komplex in der Elektronentransportkette zwischen Fotosystem II und Fotosystem I übertragen. Hier wird nur ATP gewonnen.
Beim nichtzyklischen Elektronentransport werden Elektronen vom Wasser (Zerlegung in der Fotolyse) zum Reduktionsäquivalent $NADP^+$ transportiert. Hier wird die Lichtenergie genutzt, um das Reduktionsmittel und ATP für den CALVIN-Zyklus herzustellen.

c) Ein Modell kann nur bestimmte Sachverhalte beschreiben. Das Z-Schema gibt den Energieaspekt treffend wieder, weil die einzelnen Energiestufen entsprechend dem Redoxpotenzial aufgeführt sind. Das Thylakoidmembran-Modell gibt die räumliche Situation an der Thylakoidmembran besser wieder. Hier kann der Aufbau des Protonengradienten (Synthese von ATP, chemiosmotische Hypothese) anschaulicher dargestellt werden.

7 Einfluss eines Kohlenstoffdioxidstopps auf die Bildung von Stoffen

a) Der Kohlenstoffdioxid-Stopp greift als Stoffwechselblock in das Fließgleichgewicht ein. Stoffe vor dem Block häufen sich an, weil sie nicht mehr weiterverarbeitet werden. Stoffe nach dem Block nehmen in ihrer Konzentration schnell ab, weil sie zwar weiterverarbeitet, aber nicht mehr nachgeliefert werden.

b) Stoff A ist 3-Phosphoglycerinsäure, der erste Stoff, dessen Konzentration durch den Kohlenstoffdioxid-Stopp absinkt. Stoff B ist Ribulose-1,5-bisphosphat, der Kohlenstoffdioxidakzeptor im CALVIN-Zyklus.

c) Graph B wird nach kurzem Anstieg ebenfalls absinken, weil einerseits der Akzeptor Ribulose-1,5-bisphosphat nicht mehr nachgebildet werden kann, andererseits dieser Stoff im Intermediärstoffwechsel auf andere Weise umgesetzt wird.

8 ATP-Synthese in isolierten Chloroplasten

a) Vergleiche Schülerbuch Seite 101.

b) Zuerst wird durch den pH 4-Puffer innerhalb der isolierten Chloroplasten ein pH-Wert 4 eingestellt. Durch den Pufferwechsel auf pH 8 wird ein künstlicher Protonengradient zwischen Außenseite und Innenseite der Chloroplastenmembran aufgebaut. Als Folge tritt eine ATP-Synthese auf, wobei der Gradient allmählich verschwindet. Das Experiment stützt die chemiosmotische Hypothese von MITCHELL. Diese Hypothese besagt, dass der Protonen-Konzentrationsunterschied an der Thylakoidmembran die Energie für die ATP-Synthese liefert.

9 Autoradiografie

a) Bei diesem Verfahren verfolgt man den Weg von radioaktiven Kohlenstoffatomen im Stoffwechsel. Das Isotop ^{14}C wird in CO_2 eingebaut. Dann wird dieses Gas durch eine belichtete Grünalgenkultur geleitet. Der markierte Kohlenstoff wird von den Algen aufgenommen und in der Fotosynthese verarbeitet. Man unterbricht die Reaktionen zu verschiedenen Zeitpunkten, indem man jeweils die Algen in siedendem Alkohol abtötet. Dann werden Zellextrakte der Algen hergestellt und chromatografisch aufgetrennt. Auf das Chromatogramm legt man eine für radioaktive Strahlung besonders empfindliche Fotoplatte. Hier erzeugen die Substanzen, die das markierte Kohlenstoffisotop enthalten, schwarze Flecken. Durch chemische Analyseverfahren kann man die Stoffe, welche die Schwärzung hervorrufen, identifizieren.

b) Bereits nach zwei Sekunden ist das markierte Kohlenstoffisotop in mehreren Substanzen nachweisbar, vor allem in 3-PGA. Nach fünf Sekunden hat die Zahl der Stoffe, die markierte Kohlenstoffatome enthalten, merklich zugenommen. Sie sind in verschiedenen Stoffwechselwegen weitergegeben worden.

10 Stoffwechsel beim Brutblatt
a) Es sind regelmäßige Schwankungen des pH-Wertes und des Gehaltes an Äpfelsäure (Malat) festzustellen. Der pH-Wert sinkt in den Nachtstunden, das heißt, der Säuregehalt nimmt zu. Dies wird durch Bindung von Kohlenstoffdioxid an den Akzeptor Phosphoenolpyruvat verursacht. Es entsteht Äpfelsäure, die sich im Zellsaft der chloroplastenhaltigen Zellen ansammelt. Dieser Vorgang erfolgt nachts. Am Tag wird die Äpfelsäure wieder abgebaut und der pH-Wert steigt an.
b) Das Brutblatt zeigt einen diurnalen Säurerhythmus, es gehört also zu den CAM-Pflanzen. Diese Pflanzen nehmen nur nachts Kohlenstoffdioxid auf, da ihre Spaltöffnungen nur nachts geöffnet sind. Dadurch wird der Verlust von Wasser durch die Transpiration in den trocken-heißen Gebieten, in denen diese Pflanzen leben, auf ein Minimum reduziert.

Seite 112 bis 113

PRAKTIKUM: Stoffwechsel bei Pflanzen

1 Atmung von Kronblättern
a) Die Farblösung in dem U-Rohr wandert langsam, aber gleichmäßig in Richtung des Reagenzglases mit den Kronblättern. Die Geschwindigkeit dieser Bewegung ist unter anderem vom Durchmesser der Kapillare abhängig. Die grafische Darstellung des Versuchsergebnisses zeigt annähernd eine Gerade.
b) Die Zellatmung in den Zellen der Kronblätter liefert Kohlenstoffdioxid. Dieses Gas wird von Kaliumhydroxid chemisch gebunden, wobei Kaliumcarbonat entsteht. Außerdem wird der Sauerstoff im Reagenzglas durch die Zellatmung verbraucht. Es entsteht in dem Reagenzglas ein Unterdruck, der die Flüssigkeitssäule in dem Kapillarrohr heranzieht.
c) Im Dunkeln wird ebenfalls ein Unterdruck auftreten, da auch die Zellen der grünen Blätter Zellatmung durchführen. Wird jedoch das Reagenzglas belichtet, findet in den Blattzellen Zellatmung und Fotosynthese statt. Anfangs steht noch etwas Kohlenstoffdioxid zur Verfügung. Deshalb wird, da die Fotosynthese überwiegt, Sauerstoff frei. Jedoch wird das Kohlenstoffdioxid sehr schnell verbraucht sein beziehungsweise an Kaliumhydroxid gebunden werden, sodass keine Fotosynthese mehr stattfinden kann und nur die Zellatmung abläuft.

2 Herstellung einer Blattfarbstofflösung
Durch Zerschneiden und Zerreiben der Blattstücke werden die Zellinhaltsstoffe freigesetzt. Der Brennspiritus (Ethanol) extrahiert die Farbstoffe. Beim Filtrieren werden Zell- und Gewebetrümmer im Filtrierpapier zurückgehalten, sodass sich als Filtrat eine klare Farbstofflösung bildet. Die Aufbewahrung im Dunkeln ist notwendig, weil sich isoliertes Chlorophyll bei Belichtung zersetzt.

3 Lichtabsorption einer Blattfarbstofflösung
a) Das Licht des Projektors wird durch die Versuchsanordnung geteilt. Das Licht, das nicht durch die Farbstofflösung dringt, erzeugt auf dem Bildschirm das volle Lichtspektrum. Die Versuchsanordnung ermöglicht den direkten Vergleich dieses Lichtspektrums mit dem Absorptionsspektrum der Blattfarbstofflösung. Es ist erkennbar, dass die Blattfarbstoffe die dem blauen und roten Licht entsprechenden Wellenlängenbereiche absorbieren. Die Farben Grün, Gelb, Orange und Hellrot bleiben sichtbar.
b) Ein Grünfilter ist ein grün gefärbtes Glas, das alle Wellenlängenbereiche absorbiert mit Ausnahme der Farbe Grün. Im Spektrum ist nur diese Farbe sichtbar.

4 Dünnschichtchromatografie (DC) einer Blattfarbstofflösung
a) Das Fließmittel steigt in der Beschichtung der DC-Platte in gleichmäßiger Front auf. Dabei werden die Farbstoffe je nach Molekülbau, Molekülgröße und Löslichkeit unterschiedlich weit mitgenommen. Es erfolgt eine Trennung der Farbstoffe in Farbstoffbanden.
b) Die Farbstoffe werden am oberen Rand der DC-Platte wieder zusammengeführt (Vergleich mit einem Rennen: Auch die langsameren Teilnehmer erreichen schließlich das Ziel.). Eine optimale Trennung wird also dann erreicht, wenn das Fließmittel bis kurz vor den Plattenrand aufgestiegen ist.

5 Nachweis der Sauerstoffabgabe bei der Fotosynthese
a) An den Blättern und am Spross der Wasserpestpflanzen treten blaue Schlieren in der Lösung auf. Die Schlieren verdichten sich immer mehr, bis schließlich die gesamte Flüssigkeit in dem Kolben intensiv blau gefärbt ist. Im zweiten Kolben tritt keine Farbänderung auf. Bei Belichtung der Wasserpestpflanzen erfolgt Fotosynthese. Der entstehende Sauerstoff wird an die umgebende Lösung abgegeben. Indigosulfonat dient als Redox-Indikator. Das Indikatormolekül zeigt beim Übergang von der reduzierten in die oxidierte Molekülstruktur eine Farbänderung von gelb nach blau.
Der zweite Erlenmeyerkolben dient als Kontrolle.

b) Durch das Abkochen wird Kohlenstoffdioxid aus dem Wasser entfernt. Ohne CO_2 kann jedoch keine Fotosynthese stattfinden. Deshalb unterbleibt jetzt die Farbänderung.

6 Säuregehalt beim Brutblatt

a) *Pflanze abgedunkelt:* Bestimmung der Acidität; pH grob bei 4 bis 5, genau bei 4,6.
Pflanze belichtet: pH grob bei 6 bis 8, genau bei 6,0.
In der im Dunkeln gehaltenen Pflanze ist der Säuregehalt deutlich höher.

b) Das Brutblatt ist eine CAM-Pflanze. Bei diesen Pflanzen sind bei Belichtung die Spaltöffnungen geschlossen. Im Dunkeln öffnen sich die Stomata. Nun kann CO_2 aus der Atmosphäre aufgenommen werden.
CO_2 wird in den Chloroplasten mit Hilfe des Enzyms PEP-Carboxylase an Phosphoenolpyruvat gebunden. Es entsteht zuerst Oxalacetat, dann Malat (Äpfelsäure). Durch die Ansammlung der Äpfelsäure im Zellsaft der Vakuolen sinkt der pH-Wert in diesen Zellen in der Dunkelheit.
Am Tag schließen sich die Stomata. Jetzt wird die Äpfelsäure wieder gespalten. Das freigesetzte CO_2 bindet sich an Ribulose-1,5-bisphosphat und wird im CALVIN-Zyklus verarbeitet. Der pH-Wert steigt wieder an.

c) Bei der Fotorespiration (Lichtatmung) wird Sauerstoff verbraucht, weil das Enzym Rubisco bei CO_2-Mangel nicht mehr als Carboxylase, sondern als Oxidase fungiert: Es überträgt nicht mehr CO_2-Moleküle auf den Akzeptor Ribulose-1,5-bisphosphat, sondern Sauerstoffmoleküle. Bei C_4-Pflanzen und bei CAM-Pflanzen ist aufgrund der höheren Affinität des Enzyms PEP-Carboxylase zu CO_2 die Lichtatmung ohne Bedeutung.

d) CAM-Pflanzen schließen am Tage ihre Spaltöffnungen, um zu große Wasserverluste durch Transpiration zu verhindern. Dadurch wird jedoch auch die Aufnahme von Kohlenstoffdioxid unterbunden. Über den Stoffwechselweg des diurnalen Säurerhythmus wird dies ausgeglichen. Die Pflanze nimmt nachts bei geöffneten Stomata Kohlenstoffdioxid aus der Atmosphäre auf, speichert es in Form von Malat im Zellsaft der Vakuolen und gibt es tagsüber bei Belichtung an den CALVIN-Zyklus weiter. So kann die Fotosynthese bei geschlossenen Stomata stattfinden. Dieser Stoffwechselweg ist also eine Angepasstheit an die Bedingungen trocken-heißer Standorte.

7 Blattquerschnitt beim Mais

a) Vergleiche Schülerbuch Seite 89 und 107.

b) Der Mais gehört zu den C_4-Pflanzen, der Flieder zu den C_3-Pflanzen. C_3-Pflanzen und C_4-Pflanzen unterscheiden sich im anatomischen Bau ihrer Blätter. Der Blattquerschnitt einer C_3-Pflanze zeigt den typischen Aufbau aus Palisadengewebe und Schwammgewebe mit eingelagerten Leitbündeln. Bei C_4-Pflanzen sind die Leitbündel von einem Kranz von Bündelscheidenzellen umgeben, deren Chloroplasten nur wenige Granathylakoide aufweisen. Um die Bündelscheiden liegen Mesophyllzellen, die Chloroplasten mit gut entwickelten Granathylakoiden enthalten.

8 Keimung fetthaltiger Samen

a) Die FEHLINGsche Probe verläuft positiv. Es ist ein orangeroter Niederschlag zu beobachten. Dies ist ein Nachweis für reduzierende Zucker wie zum Beispiel Glucose. Mit ungekeimten Samen verläuft der Nachweis negativ.

b) Bei der Keimung fetthaltiger Samen erfolgt eine Umwandlung der gespeicherten Fette in Kohlenhydrate. Diese dienen dem Pflanzenembryo als Energie- und Stofflieferant für den Aufbau des Pflanzenkörpers. Fette sind sehr energiehaltige Nährstoffe, die im Intermediärstoffwechsel in Kohlenhydrate umgewandelt werden können.

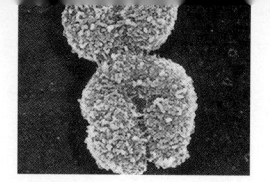

Genetik

1 Grundlagen der Genetik

2 Zellteilungen

Seite 120

1. Da Samen- und Eizellen nach erfolgter Reduktionsteilung nur noch über den haploiden Chromosomensatz verfügen, enthalten sie auch nur noch die Hälfte an DNA.
2. Bei beiden Vorgängen ist das wesentliche Ergebnis die Bildung haploider Gameten. Während aber aus einer Spermienmutterzelle schließlich vier hoch mobile Spermien entstehen, deren Bau optimal an ihre Funktion angepasst ist, resultiert die Oogenese in der Bildung nur einer plasmareichen Eizelle, drei weitere Teilungsprodukte gehen zugrunde und bilden die Polkörperchen. Ursache dafür sind die inäqualen Teilungen während der Oogenese (Anaphase I und II).
   Zudem erfolgt nach Eintritt der Geschlechtsreife die Spermatogenese in den Hoden kontinuierlich. Die künftigen Eizellen hingegen sind bereits alle vor der Geburt im Eierstock angelegt und reifen periodisch (monatlich) heran. Zurzeit des Eisprungs ist die 1. Reifeteilung abgeschlossen, die 2. Reifeteilung findet im Eileiter statt.
3. Bei 2^n Kombinationsmöglichkeiten ergeben sich für drei homologe Chromosomenpaare (n = 3) $2^3 = 8$ genetisch verschiedene Gameten, die $2^3 \cdot 2^3 = 64$ genetisch verschiedene Zygoten bilden können.

Seite 121

PRAKTIKUM: Chromosomen und DNA

1 Bau von Chromosomenmodellen
a) *einzelnes Drahtstück:* Ein-Chromatid-Chromosom
gestreckt: 30 nm-Chromatinfaser
Windung: Schleifen-Domäne der 30 nm-Chromatinfaser
Drahtstücke einer Farbe: Chromosomen eines Elternteils
gleichlange Drahtstücke verschiedener Farbe: homologe Chromosomen
Druckknopfhälfte: Centromer
b) –
c) –
d) –
e) In der Metaphase findet eine etwa 7000fache Verkürzung statt. Ein 50 Zentimeter langes Drahtstück müsste auf folgende Länge verkürzt werden, um einen der Metaphase entsprechenden Kondensationszustand zu erreichen:
$0{,}5 \text{ m} : 7000 \approx 7 \cdot 10^{-5} \text{ m} = 0{,}07 \text{ mm} = 70 \text{ µm}$
f) A) G1-Phase der Interphase. Hier wird der Zellkern auf die Verdopplung des Chromosomenmaterials vorbereitet. Dieser Prozess dauert etwa fünf Stunden. Der relative DNA-Gehalt der Zelle ändert sich nicht.
B) S-Phase der Interphase. In der S-Phase der Interphase erfolgt die Verdopplung des Chromosomenmaterials. Der relative DNA-Gehalt der Zelle steigt von 2 auf 4 an. Diese Phase dauert etwa vier Stunden.
C) G2-Phase der Interphase. In der G2-Phase werden die Vorbereitungen zur Kern- und Zellteilung vorgenommen. Die Zelle hat sich noch nicht geteilt, sodass der relative DNA-Gehalt dem der späten S-Phase entspricht. Die Dauer der G2-Phase beträgt etwa eine Stunde.
D) Mitose. Während der Mitose erfolgt die Zellkernteilung. Das Chromosomenmaterial wird auf die zukünftigen Tochterzellen verteilt. Der relative DNA-Gehalt der Zelle sinkt von 4 auf 2. Dieser Prozess dauert etwa 20 Minuten. Anschließend erfolgt die Zellteilung.

2 Isolierung von DNA aus Zwiebeln
Außer Zwiebeln eignen sich auch Tomaten gut zur Isolierung von DNA!
– Das Spülmittel zerstört die Membranen, das Salz vermindert die Löslichkeit der DNA.
– Die Zellwände werden zur Erleichterung der DNA-Freisetzung mechanisch aufgebrochen. Eine zu rigorose Behandlung würde die DNA durch die starken Scherkräfte in kleine Fragmente zerlegen, die sich später nur schlecht aufwickeln lassen.
– Die Erwärmung beschleunigt die DNA-Freisetzung und denaturiert die DNA-abbauenden Enzyme. Zu langes Erwärmen zerstört auch die DNA.
– Große Zellbruchstücke werden von dünnflüssigen löslichen Bestandteilen (DNA, RNA, Proteine) getrennt. Zum Filtrieren der Zellsuspension sind

Teesiebe zu bevorzugen, da sich die Poren von Papierfiltern schnell zusetzen.
– Proteine werden durch Enzyme (Proteasen) im Waschmittel oder Eiweiß-Fleckentferner abgebaut.
– DNA ist in Alkohol nicht löslich und fällt an der Phasengrenze als weißliches Knäuel aus.
Das Trocknen der DNA an der Luft sollte so lange vorgenommen werden, bis kein Geruch nach Ethanol mehr wahrzunehmen ist.

3 Hydrolyse und Nachweis der DNA
a) Unter Hitzeeinwirkung werden Nucleinsäuren in saurem Milieu hydrolysiert, also in ihre chemischen Bausteine zerlegt. Neben Nucleotiden werden auch die Pentosen, Phosphorsäurereste und Basen freigesetzt. Diese lassen sich anschließend qualitativ nachweisen.
Bei der Darstellung der Zwiebel-DNA wird auch RNA isoliert. Die DISCHE-Reaktion ist spezifisch für die Pentose Desoxyribose, sodass zwischen DNA und RNA unterschieden werden kann. Dabei dienen die käuflichen Nucleinsäuren als Positiv- (DNA) beziehungsweise Negativ-Kontrolle (RNA) für die DISCHE-Reaktion.
b) Da die DISCHE-Reaktion quantitativ verläuft, lässt sich aus dem Grad der Blaufärbung der DNA-Gehalt der Hydrolysate abschätzen.

	isolierte Zwiebel-DNA	käufliche DNA	käufliche RNA
Desoxyribose	+	+	–
Blaufärbung	+	+++	–

Zusatzinformation: Weitere Versuche finden sich zum Beispiel in JAENICKE (Hrsg.): Materialien-Handbuch Kursunterricht Biologie, Band 5/II. Aulis Verlag, Köln (1997) und WENCK: Experimentelle Chemie der Nukleinsäuren. Aulis Verlag, Köln (1988).

3 Klassische Genetik

Seite 123

1. P AABBCC X aabbcc
   F1 AaBbCc X AaBbCc
   F2

♀\♂	ABC	ABc	AbC	Abc
ABC	AABBCC	AABBCc	AABbCC	AABbCc
ABc	AABBCc	AABBcc	AABbCc	AABbcc
AbC	AABbCC	AABbCc	AAbbCC	AAbbCc
Abc	AABbCc	AABbcc	AAbbCc	AAbbcc
aBC	AaBBCC	AaBBCc	AaBbCC	AaBbCc
aBc	AaBBCc	AaBBcc	AaBbCc	AaBbcc
abC	AaBbCC	AaBbCc	AabbCC	AabbCc
abc	AaBbCc	AaBbcc	AabbCc	Aabbcc

♀\♂	aBC	aBc	abC	abc
ABC	AaBBCC	AaBBCc	AaBbCC	AaBbCc
ABc	AaBBCc	AaBBcc	AaBbCc	AaBbcc
AbC	AaBbCC	AaBbCc	AabbCC	AabbCc
Abc	AaBbCc	AaBbcc	AabbCc	Aabbcc
aBC	aaBBCC	aaBBCc	aaBbCC	aaBbCc
aBc	aaBBCc	aaBBcc	aaBbCc	aaBbcc
abC	aaBbCC	aaBbCc	aabbCC	aabbCc
abc	aaBbCc	aaBbcc	aabbCc	aabbcc

Seite 124

AUFGABEN: Gregor MENDEL – Versuche über Pflanzen-Hybriden

a) MENDEL suchte sich Pflanzen, die sich in einem Merkmal von anderen Pflanzen unterschieden. Diese Merkmale traten nach Kreuzungen unter Pflanzen, die dieses Merkmal zeigten, in nachfolgenden Generationen, wie MENDEL formulierte, konstant wieder auf. Mit Pflanzen, die solche konstanten Merkmale besaßen, legte MENDEL reziproke monohybride und dihybride Kreuzungen an, die er bis zur F_2-Generation untersuchte. Darüber hinaus führte er mit den Nachkommen der F_2-Generation Rückkreuzungen durch.

b) Die Merkmale, die in der F_1-Generation repräsentiert werden, das heißt, den Phänotyp der F_1-Hybriden darstellen, nannte MENDEL dominant. Er erkannte, dass die rezessiven Merkmale in den Hybriden latent werden, zurücktreten oder ganz verschwinden, jedoch in der F_2-Generation wieder erscheinen.

c) MENDEL beobachtete dominant-rezessive Erbgänge mit dominierenden Merkmalen (Allelen) für rundliche Samenform gegenüber kantiger, gelbe Samenfarbe gegenüber grüner und rote Blattachselzeichnung gegenüber weißer. Er beobachtete in der F_2-Generation eine 3:1-Aufspaltung, die sich durch Rückkreuzung mit Pflanzen des dominanten Phänotyps als 1:2:1-Aufspaltung der verschiedenen Genotypen erwies. In der F_2-Generation zählte er eine Aufspaltung von 705 Pflanzen mit roter und 224 Pflanzen mit weißer Blattachselzeichnung. Bei einem dihybriden Erbgang hielt MENDEL eine Aufspaltung von 315:101:108:32 Nachkommen fest.

d) MENDEL schloss aus seinen Beobachtungen auf einen dominant-rezessiven Charakter der untersuchten Merkmale (Allele), wobei er erkannte, dass auch in der F_1-Generation die rezessiven Merkmale nicht ausgelöscht werden, sondern nur kurzfristig, zum Teil eben nur eine Generation lang, verschwinden. Gleichzeitig kannte er auch intermediäre Erbgänge, die er allerdings nicht weiter untersuchte.
Er leitete aus seinen Beobachtungen eine bestimmte Regelhaftigkeit der Aufspaltungsverhältnisse ab, und dies ohne Kenntnis der Meiose.

Seite 126

EXKURS: Drosophila – „Haustier" der Genetiker

1. Der Wildtyp ist die Variante, die in der Natur am häufigsten anzutreffen ist. Wäre der Wildtyp Träger vieler Mutationen, wäre damit zu rechnen, dass dies seine Fitness (bei unveränderten Umweltbedingungen) minimieren würde. Daher wird der Wildtyp grundsätzlich die Form einer Art darstellen, die in den meisten Genen funktionstüchtige Allele, so genannte Wildtypallele, vorzuweisen hat.
Es sei angemerkt, dass aber auch der Wildtyp einige Mutantenallele besitzen wird. Dies ist schon alleine daher anzunehmen, weil es statistisch unwahrscheinlich ist, dass er kein Mutantenallel in einem beliebigen Gen besitzt. Evolution wäre nicht denkbar, wenn nicht auch in einer Population aus Wildtypen einzelne Individuen Träger einzelner Mutantenallele wären.

Seite 131

PRAKTIKUM: Experimente zur Vererbung mit Drosophila

1 Arbeiten mit Drosophila
–

2 Kultivieren von Drosophila
–

3 Drosophila-Erbgang (P, F_1)
–

4 Drosophila-Erbgang (F_1, F_2)
a) –
b) Die Fliegen, die ihre Eier auf den Nahrungsbrei gelegt haben, müssen spätestens vor dem Schlüpfen der nächsten Generation entfernt werden. Dies soll sicherstellen, dass beim Auswerten und Zählen der folgenden Generation nur Fliegen dieser Generation untersucht werden. Auch für das Erstellen einer F_2-Generation, wenn sich also die Fliegen der schlüpfenden F_1-Generation untereinander verpaaren sollen, muss sichergestellt werden, dass nicht noch Fliegen der Elterngeneration die Nachkommen befruchten. Fünf Tage sind von daher ein guter Zeitpunkt, der es den Eltern ermöglicht, ihre Eier rechtzeitig abzulegen und rechtzeitig vor dem Schlupftermin der nächsten Generation liegt.
c) Die ersten geschlüpften Fliegen werden nach etwa 12 Stunden befruchtet und legen nach einem Tag ihre Eier auf den Brei. Bei relativ hohen Temperaturen (zum Beispiel 30 °C) schlüpfen aus diesen Eiern nach zehn Tagen Fliegen. Wartet man zu lange mit dem Auswerten der schlüpfenden Generation, kann man nach ungefähr zehn Tagen nicht mehr sicher sein, welche Generation man auswertet. Der neunte Tag ist daher noch geeignet, nur Fliegen der gewünschten Kreuzung auszuwerten.

Seite 135

1. Es handelt sich um die folgenden Mutationstypen:
a) Inversion (Drehung von Chromosomenabschnitten um 180°)
b) Deletion (Segmentverlust bei einem Chromosom)
c) Translokation (Verschmelzung der Teile zweier nicht homologer Chromosomen)
d) Duplikation (Verdoppelung eines Chromosomenabschnitts)

Seite 137

AUFGABEN: Gesetzmäßigkeiten der Vererbung

1 Erbgang bei der Nelke
a) P
Phänotyp: rot × weiß
Genotyp: $F_r F_r$ · $F_w F_w$
Gameten: F_r F_r F_w F_w

F_1 Phänotyp: rosa rosa rosa rosa
Genotyp: $F_r F_w$ $F_r F_w$ $F_r F_w$ $F_r F_w$
Gameten: F_r F_w F_r F_w F_r F_w F_r F_w

Kreuzungsschema

♀ \ ♂	F_r	F_w
F_r	rot $F_r F_r$	rosa $F_r F_w$
F_w	rosa $F_r F_w$	weiß $F_w F_w$

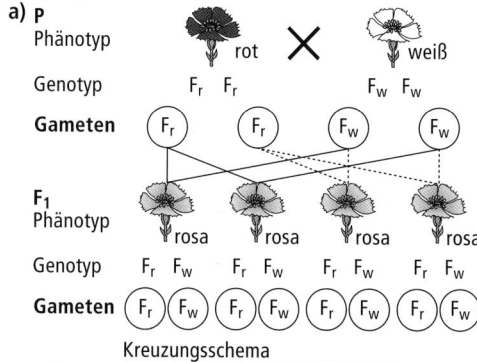

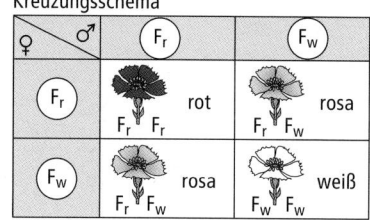

b) Die 1. MENDELsche Regel (Uniformitätsregel) ist erfüllt: Alle Pflanzen der F_1-Generation sind rosa. Die Eltern müssen reinerbig gewesen sein.
Auch die 2. MENDELsche Regel (Spaltungsregel) trifft zu: Die F_2-Generation spaltet im 1:2:1-Verhältnis. Jedem Genotyp kann ein Phänotyp zugeordnet werden.
Die 3. MENDELsche Regel (Unabhängigkeitsregel) kann hier nicht untersucht werden: Sie lässt erst in Verbindung mit der Vererbung mehrerer Merkmale Aussagen zu.
c) In heterozygoten Pflanzen werden nur halb so viele Enzyme bereitgestellt wie in homozygoten Pflanzen. Die Hälfte der Enzyme schafft auch nur die Herstellung der Hälfte der Farbpigmente. Im

Grunde genommen sind alle dominant-rezessiven Erbgänge intermediär, zumindest wenn man die Genprodukte auf molekularer Ebene untersucht. Häufig reichen 50 Prozent der Enzyme aus, um (für das Auge nicht unterscheidbar) den gleichen Phänotyp zu erzeugen, wie es bei einem Angebot von 100 Prozent der Enzyme der Fall wäre. Im Fall des intermediären Erbgangs reicht diese Menge aber nicht aus, die Farbausprägung ist schwächer und erscheint rosa.

2 Kreuzung mit *Drosophila*

a) Es handelt sich um zwei verschiedene Gene, die den leuchtend roten Phänotyp hervorrufen (Polygenie). Wenn aus der Kreuzung zweier Mutanten der Wildtyp resultiert (wie im gegebenen Fall), dann sind zwei Gene beteiligt. Ist das Resultat die Mutante, war nur ein Gen beteiligt.

Da der Wildtyp rot-braune Augen besitzt und die Mutante leuchtend rote Augen, kann vermutet werden, dass der braune Pigmentfarbstoff in den Mutanten nicht gebildet wird. Beide Mutanten haben deshalb leuchtend rote Augen.

Die Symbole können sein: cn (cinnabar) und st (scarlet).

P
Genotyp: cn + / cn + ✕ + st / + st
Phänotyp: leuchtend rot / leuchtend rot

Gameten: (cn +) (cn +) (+ st) (+ st)

F_1
Genotyp: cn+ / +st   cn+ / +st
Phänotyp: rot-braun   rot-braun

Kreuzungsschema

♀ \ ♂	(+ +)	(cn +)	(+ st)	(cn st)
F_2 (+ +) Phänotyp	+ + / + + rot-braun	cn + / + + rot-braun	+ st / + + rot-braun	cn st / + + rot-braun
(cn +) Phänotyp	cn + / + + rot-braun	cn + / cn + leuchtend rot	cn + / + st rot-braun	cn + / cn st leuchtend rot
(+ st) Phänotyp	+ st / + + rot-braun	+ st / cn + rot-braun	+ st / + st leuchtend rot	+ st / cn st leuchtend rot
(cn st) Phänotyp	cn st / + + rot-braun	cn st / cn + leuchtend rot	cn st / + st leuchtend rot	cn st / cn st leuchtend rot

b) Im Erbgang sind zwei Gene betroffen. Jeder Elter besitzt in einem Gen homozygot die mutierten Allele, im anderen Gen homozygot die Wildtypallele. Bei der Kreuzung wird in beiden Genen Heterozygotie in der F_1-Generation hergestellt. Da in beiden Genen die Mutantenallele rezessiv sind, hat die F_1-Generation uniform rot-braune wildtypfarbige Augen.

c) Es handelt sich um einen dihybriden Erbgang, bei dem annähernd ein $9/16 : 3/16 : 3/16 : 1/16$-Aufspaltungsverhältnis erwartet wird. Im gegebenen Beispiel fallen drei Klassen (3:3:1) phänotypisch zusammen, sodass mit einer 9:7-Aufspaltung zu rechnen ist. Dem kommt das Verhältnis von 92:68 recht nah. Da es sich hier um statistische Prozesse handelt, wäre eine genaue Aufspaltung von 90:70 nur rein zufällig aufgetreten.

3 Maiskolben

a) Die Auszählung des abgebildeten Maiskolbenausschnitts ergibt 67 dunkle und 62 helle Körner (je nachdem, ob die Körner im Randbereich mitgezählt werden oder nicht, kann die Zahl leicht abweichen).

b) 1:1-Aufspaltungen werden bei Rückkreuzungen erwartet. Damit müssen die dunklen oder hellen Körner mit einer entsprechend rezessiven Maispflanze rückgekreuzt worden sein. Eine der beiden eingesetzten Pflanzen musste heterozygot für das farbbestimmende Gen sein.

P   Aa ✕ aa

Gameten: (A) (a) (a) (a)

Rückkreuzung

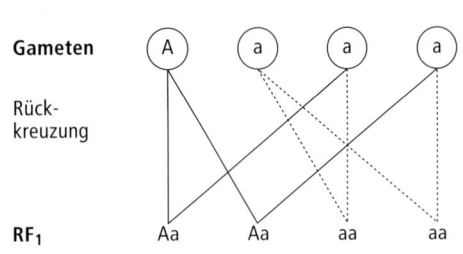

RF_1: Aa Aa aa aa

Aus der angegebenen Kreuzung lässt sich nicht schließen, welche der Farben dominant beziehungsweise rezessiv vererbt wird.

4 Die Garten-Levkoje

a) Die zwei Gene werden gekoppelt vererbt:

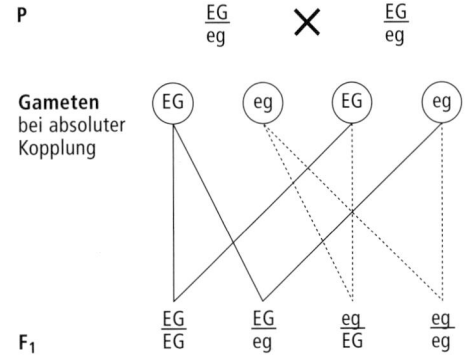

P: EG/eg ✕ EG/eg

Gameten bei absoluter Kopplung: (EG) (eg) (EG) (eg)

F_1: EG/EG   EG/eg   eg/EG   eg/eg

b) Etwa 25 Prozent der Pflanzen sollten gefüllte Blüten besitzen.

c) Da beide Gene gekoppelt vererbt werden, hier helle Blattfarbe mit gefüllten Blüten, kann aus der Blattfärbung auf die Blüten geschlossen werden.

d) Bei absoluter Kopplung, wenn also die Gene sehr dicht beieinander auf dem Chromosom liegen und zwischen ihnen ein Crossing-over nur selten stattfindet, haben alle Levkojen mit hellen Blättern auch gefüllte Blüten. Sollten Kopplungsbrüche stattfinden, wird es umso mehr Levkojen mit einfachen Blüten und hellgrünen Blättern geben, je größer der Abstand der beiden Gene auf dem 14. Chromosom ist.

e) Für den Züchter, der nur Levkojen mit gefüllten Blüten verkaufen kann, ist es sehr praktisch, nach zehn Tagen alle Pflanzen auszusortieren, die hellgrüne Blätter haben, und nur diese aufzuziehen. Er spart dadurch ungefähr 75 Prozent Platz für eine neue Aufzucht. Außerdem steckt er keine weitere Mühe mehr in die Aufzucht von Pflanzen, die für ihn wertlos sind.

5 Lage von Genen

a) Die erste Klasse an Austauschtypen ist am seltensten vertreten. Daher wird angenommen, dass das Gen, das hier ausgetauscht wurde, zwischen den beiden anderen Genen lokalisiert ist. Durch den Vergleich der Genotypen dieser Austauschklasse mit den Elterntypen sieht man, dass das Gen A ausgetauscht wurde. Gen A sollte also zwischen den beiden anderen Genen liegen. Die Reihenfolge der Gene ist wahrscheinlich: BAC.
Austausch zwischen B und A:
$(12 + 14 + 18 + 16) / 200 = 30\% = 30$ ME
Austausch zwischen A und C:
$(12 + 14 + 25 + 30) / 200 = 40,5\% = 40,5$ ME
Daraus folgt:
B...30 ME...A...40,5 ME...C
Abstand zwischen B und C ist demnach:
30 ME + 40,5 ME = 70,5 ME

b) *Austausch zwischen B und C ohne Berücksichtigung von Gen A:*
$(18 + 16 + 25\ 30) / 200 = 44,5\% = 44,5$ ME
Der Wert ist deutlich kleiner als mit Berücksichtigung des Gens A. Ohne Berücksichtigung des Gens A können keine Crossing-over beobachtet werden, die sowohl zwischen B und A als auch zwischen A und C erfolgen, also doppelte Crossing-over. Wo vormals Unterschiede zwischen den äußeren und dem mittleren Gen beobachtet werden konnten, stellt ein doppeltes Crossing-over zwischen den beiden äußeren Genen keine Veränderung dar: B und C bleiben gekoppelt. Nur einfache Crossing-over verändern den Zustand: B ist dann mit c gekoppelt und b mit C. Damit fallen 26 beobachtete doppelte Crossing-over zweimal aus der Berechnung, was die fehlenden 26 ME ausmacht. MORGAN-Einheiten sind also relative Abstände auf Chromosomen und werden sich durch Hinzufügen weiterer Gene in die Untersuchung vergrößern.

c) *Austausch zwischen w–sn:*
$(31 + 27 + 12 + 15) / 400 = 21,25\% = 21,25$ ME
Austausch zwischen sn–B:
$(56 + 65 + 12 + 15) / 400 = 37\% = 37$ ME
Daraus folgt:
w...21,25 ME...sn...37 ME...B
Abstand zwischen w und B ist demnach:
21,25 ME + 37 ME = 58,25 ME
Lokalisation auf dem X-Chromosom von *Drosophila* in der Literatur: w (1,5 ME), sn (21 ME) und B (57 ME).

4 Molekulargenetik

Seite 139

1. 5'–AATTGTGAGCGGATAACAATT–3'
   3'–TTAACACTCGCCTATTGTTAA–5'

Seite 140

1. Unabhängig von der Anzahl der Zellteilungen werden prinzipiell zwei DNA-Banden zu finden sein, die „mittelschwere" (^{14}N-^{15}N) beziehungsweise „leichte" DNA (^{14}N-^{14}N) repräsentieren.
Nach einer weiteren Teilung im ^{14}N-Medium sollte die Intensität der „mittelschweren" Bande unverändert sein, da zur Neusynthese nur noch ^{14}N-Nucleotide zur Verfügung stehen, die bestehende ^{15}N-DNA aber erhalten bleibt. Da aber theoretisch dreimal so viele ^{14}N-DNA-Stränge wie ^{15}N-DNA-Stränge als Kopiervorlage vorhanden sind, sollte die Intensität der „leichten" Bande gegenüber der vorherigen Probe etwa verdreifacht sein.
Mit jeder weiteren Zellteilung wird der relative Anteil der „leichten" DNA und damit die Intensität der ^{14}N-^{14}N-DNA-Bande exponentiell zunehmen, während der Anteil der „mittelschweren" DNA immer weiter „verdünnt" wird.

Seite 141

1.	Enzym	Funktion
	Helicase	Entwindung der Doppelhelix
	Primase (RNA-Polymerase)	Synthese eines kurzen RNA-Primers aus RNA-Nucleotiden als Anknüpfungspunkt für die DNA-Polymerase
	DNA-Polymerase III	5'→3'-Polymerisation von DNA-Nucleotiden zur Synthese eines neuen DNA-Stranges
	DNA-Polymerase I	Abbau der RNA-Nucleotide der Primer und Einbau entsprechender DNA-Nucleotide
	DNA-Ligase	kovalente Verknüpfung benachbarter OKAZAKI-Fragmente durch Verknüpfung von Zucker und Phosphatrest

Seite 143

1. Da es sich um eine poly-U-Sequenz handelt, könnten theoretisch nicht nur drei, sondern auch vier oder mehr Basen für die Aminosäure Phenylalanin codieren. Erst durch Experimente mit alternierenden Basenfolgen wie zum Beispiel poly-UA (man erhält ein Aminosäuregemisch: Tyr und Ile) oder poly-UUA (Aminosäuregemisch: Leu, Tyr und Ile) lassen sich die Codierung durch Tripletts und andere Codeeigenschaften nachweisen.

2. AAUC AUG AAA CCG UGC GGA CCA UAA CA
        Met Lys Pro Cys Gly Pro Stopp
      (Start)

Seite 144

1. Die Synthese der RNA erfolgt durch Verknüpfung der RNA-Nucleotide von 5'→3', also komplementär zur DNA – entgegen der „Lesegewohnheit"! – von rechts (3'-Ende der DNA) nach links (5'-Ende der DNA):
DNA 5'-AAATGTGAGCGAGTAACAACC-3'
RNA 3'-UUUACACUCGCUCAUUGUUGG-5'
Übereinstimmungsgemäß werden Basensequenzen immer beginnend mit 5' angegeben, also lautet die Sequenz der mRNA:
5'-GGUUGUUACUCGCUCACAUUU-3'

Seite 149

1. Glucose ist für *Escherichia coli* eine bevorzugte Kohlenstoffquelle. Die zu ihrer Verwertung erforderlichen Enzyme werden konstitutiv exprimiert. Demgegenüber sind die Enzyme zum Abbau von Lactose in Abwesenheit von Lactose durch den Lac-Repressor reprimiert. Beim Umsetzen der Bakterien in ein Lactose-Medium stehen die zur Verwertung der Lactose erforderlichen Enzyme daher zunächst nur in sehr geringen Mengen zur Verfügung. Nach Induktion des *lac*-Operons werden die Strukturgene exprimiert und die Enzyme des Lactose-Abbaus in großen Mengen synthetisiert. Lactose kann nun zur Deckung des Energiebedarfs der Zellen genutzt werden. Es kommt zu einer Vermehrung der Bakterien und einem erneuten Anstieg der Wachstumskurve.

Seite 151

1.	DNA-Struktur	Aufschraubung (Kondensation) Entschraubung (Dekondensation)
	Transkription	Methylierung Promotorqualität (Konsensus mit TATA-Box) Bindungsstellen für Transkriptionsfaktoren Wechselwirkung mit Enhancern
	prä-mRNA	5'-cap 3'-poly-A-Schwanz alternatives Spleißen
	reife mRNA	Transport aus dem Zellkern
	mRNA im Cytoplasma	Abbau
	Polypeptid	Modifikation (z.B. Methylierung, Phosphorylierung, Spaltung)

5 Bakterien- und Virengenetik

Seite 152

1. Formel zur Vermehrung: $n = 2^x$
(n = Anzahl der Zellen, x = Anzahl der Teilungen)
Nach zehn Teilungen sind aus einer Ausgangszelle $n = 2^{10} = 1024$ Bakterienzellen entstanden.

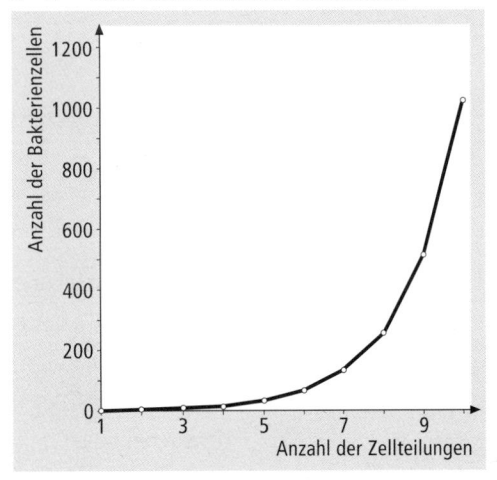

Seite 155

1.

	Bakterien	Viren
Nucleinsäure-Art	DNA, doppelsträngig	DNA oder RNA, doppel- oder einzelsträngig
Stoffwechsel	eigenständig (meist heterotroph)	kein eigener Stoffwechsel, abhängig von der Syntheseleistung der Wirtszelle
Vermehrung	durch Zellteilung	durch Synthese neuer Phagenpartikel mithilfe des Syntheseapparates der Wirtszelle
Größe	Mikrometer-Bereich, *Escherichia coli:* etwa vier Mikrometer	Nanometer-Bereich, Phage T4: etwa 200 Nanometer

Seite 158

1.

unspezifische Transduktion	spezifische Transduktion
lysogene oder lytische Phagen	nur lysogene Phagen
Phage meist defekt	Phage zur Bildung eines Prophagen in der Lage
Phagenhülle enthält überwiegend bakterielle DNA bis zur maximalen Füllmenge	Phagenhülle enthält nur wenige bakterielle Gene, da Phage intakt bleiben muss
geringe Transduktionseffizienz (10^{-8})	hohe Transduktionseffizienz (10^{-5})
zufälliger Einbau beliebiger bakterieller DNA	nur dem Prophagen benachbarte Gene werden transduziert
enzymatische Rekombinationsvorgänge für Integration in Wirtsgenom erforderlich (homologe Rekombination)	Integration bakterieller Gene erfolgt mit dem Prophagen

Seite 159

PRAKTIKUM: Arbeiten mit Bakterien

1 Ansetzen einer Bakterien-Flüssigkultur (Übernachtkultur)
Formel zur Vermehrung: $n = 2^x$
(n = Anzahl der Zellen, x = Anzahl der Teilungen)
nach 12 Stunden: $n = 2^{36} \approx 6{,}78 \cdot 10^{10}$ Bakterienzellen
nach 18 Stunden: $n = 2^{54} \approx 1{,}80 \cdot 10^{16}$ Bakterienzellen
nach 24 Stunden: $n = 2^{72} \approx 4{,}72 \cdot 10^{21}$ Bakterienzellen

Dabei handelt es sich um theoretische Werte. In einer realen Bakterienkultur wirken Faktoren wie Nährstoffmangel oder toxische Stoffwechselausscheidungen limitierend auf die Bakterienvermehrung.

2 Bestimmung der Lebendzellzahl (Titer) einer Übernachtkultur
a) Die Anzahl lebender Bakterienzellen in einem Milliliter der verwendeten Übernachtkultur ist experimentell zu bestimmen. Zu erwarten sind etwa 10^9 Zellen pro Milliliter.
b) In einem Milliliter sind etwa eine Milliarde (10^9) Bakterienzellen enthalten, die weder auf einer einzigen Platte gedeihen könnten noch zählbar wären. Durch sechsmaliges Verdünnen um den Faktor 10 erhält man einen Titer von etwa 1000 (10^3) Zellen pro Milliliter, wovon wiederum nur 0,1 Milliliter plattiert werden, sodass mit ungefähr 100 Bakterienkolonien auf der letzten Platte gerechnet werden kann (es können bei gleichmäßigem Ausstreichen etwa 300 Kolonien auf einer Platte voneinander unterschieden werden). Falls die Vermehrung der Bakterien nicht optimal abgelaufen ist, sollten auf jeden Fall auf den Platten der vorangegangenen Verdünnungsschritte quantifizierbare Ergebnisse zu finden sein.
c) Abweichungen sind nur nach unten zu erwarten, da *Escherichia coli* unter den angegebenen Bedingungen den Titer von 10^9 Zellen pro Milliliter nicht überschreitet.
Gründe für eine verminderte Zelldichte sind meist die nicht optimale Sauerstoff- und Nährstoffzufuhr in einem ruhenden Kolben. Dies ließe sich durch den Einsatz eines Schüttlers verbessern. Zudem kann oft die Inkubationstemperatur nicht exakt eingehalten werden. Bei nicht sterilem Arbeiten können außerdem Fremdkeime (andere Bakterien, Hefen) das Wachstum von *Escherichia coli* beeinträchtigen.

Seite 160

AUFGABEN: Molekulare Genetik

1 DNA-Replikation
a) Reagenzglas a zeigt die Dichteverteilung der DNA nach einer Zellteilung in ^{14}N, da durch den Mechanismus der semikonservativen Replikation nach Trennung der ^{15}N-haltigen Ausgangs-Doppelstränge jeder „schwere" Einzelstrang durch einen „leichten" ^{14}N-haltigen Einzelstrang komplementär zu einem „mittelschweren" ^{15}N/^{14}N-Doppelstrang ergänzt wird.
b) Reagenzglas d entspricht der Dichteverteilung nach zwei Teilungen, da der ^{15}N-haltige Einzelstrang der ^{15}N/^{14}N-Hybrid-DNA durch ^{14}N-Nucleotide wiederum zu einem „mittelschweren" ^{15}N/^{14}N-Doppelstrang repliziert wird. Der ^{14}N-haltige

Einzelstrang der Hybrid-DNA wird jedoch durch ^{14}N-Nucleotide zu einem „leichten" ^{14}N/^{14}N-Doppelstrang ergänzt.

2 Genetischer Code

a) Die zur Proteinsynthese notwendigen Zellbestandteile sind mRNA, Ribosomen und mit Aminosäure beladene tRNA (spezifisches Beladen der tRNA erfolgt durch das Enzym Aminoacyl-tRNA-Synthetase).

b) Die Versuche zeigen den Triplett-Charakter des genetischen Codes. Poly-UC enthält als mögliche Tripletts UCU und CUC, die Translationsprodukte sind die Aminosäuren Serin und Leucin. Da aber nicht festgelegt ist, an welcher Stelle das Leseraster beginnt, kann man den Aminosäuren die Tripletts nicht eindeutig zuordnen.

Poly-AG enthält mit AGA und GAG ebenfalls zwei mögliche Tripletts, sodass auch hier die Zuordnung von Arginin und Glutaminsäure nicht klar ist.

Poly-UUC beinhaltet die Tripletts UUC, UCU und CUU. Jedes Triplett codiert eine der Aminosäuren Phenylalanin, Serin oder Leucin, wobei die Bedeutung des jeweiligen Tripletts wiederum unklar ist. Zieht man die Ergebnisse des Versuchs mit poly-UC heran, so kommt in beiden Versuchen das Triplett UCU vor. Allerdings kommen auch in beiden Versuchen die beiden Aminosäuren Leucin und Serin vor. Man kann also UCU als Triplett für Phenylalanin ausschließen, aber weder Leucin noch Serin klar zuordnen. CUC kommt in poly-UC nicht vor, trotzdem werden sowohl poly-Leucin als auch poly-Serin synthetisiert. Eines der beiden muss also durch zwei verschiedene Tripletts codiert werden (Degeneriertheit oder Redundanz des Codes). Auch das Ergebnis der Translation von poly-GUA (Peptide aus Valin oder Serin) könnte auf die Degeneriertheit des Codes hinweisen, da aus den drei Tripletts GUA, UAG und AGU nur zwei verschiedene Peptide resultieren. Tatsächlich aber handelt es sich bei UAG um eines der Stopp-Codons.

c) Das Peptidprodukt von poly-AC (Tripletts: ACA und CAC) ist poly-(Threonin-Histidin). Die Peptidprodukte von poly-AAC (Tripletts: AAC, ACA und CAA) sind poly-Asparagin, poly-Threonin und poly-Glutamin und aus poly-UAAC (Tripletts: UAA, AAC, ACU und CUA) resultieren Tripeptide aus Asparagin, Threonin und Leucin. UAA ist ein Stopp-Codon und die Translation bricht ab.

3 Genregulation

a) Wenn eine Mutation im Promotor dazu führt, dass die RNA-Polymerase nicht mehr binden kann, so können die Strukturgene des *lac*-Operons auch in Anwesenheit des Induktors Lactose nicht mehr transkribiert werden. Infolgedessen können Bakterien mit dieser Mutation Lactose nicht mehr als Kohlenstoffquelle nutzen, da sie den Zucker weder in die Zelle transportieren noch abbauen können (Mutante *lac*$^-$).

b) Mutanten mit einem solchen Defekt im Operator O1 exprimieren die Strukturgene des *lac*-Operons konstitutiv (O^C-Mutation, engl. *constitutive*), da die RNA-Polymerase nach wie vor an den Promotor binden kann und nicht vom Repressor an der Transkription gehindert wird. Diese Bakterien produzieren auch in Abwesenheit von Lactose die Lactose abbauenden Enzyme; das Phänomen der Diauxie kann man bei ihnen also nicht beobachten.

Die beiden Hilfsoperatoren O2 und O3 alleine haben ohne den Hauptoperator O1 keinen Einfluss auf die Transkriptionskontrolle, da zum einen die Bindungsaffinität von Lac-Repressor zu Hilfsoperatoren um ein Vielfaches schlechter ist als zu O1, und zum anderen nur ein an O1 gebundenes Repressormolekül in unmittelbare Nachbarschaft zur RNA-Polymerase kommt und sie wirksam an der Transkription hindern kann.

c) Bei dieser Mutation im *lac*I-Gen (Mutation I$^-$) wird kein Lac-Repressor hergestellt, also kann das *lac*-Operon auch nicht reprimiert werden. Auch diese Mutanten exprimieren die *lac*-Strukturgene konstitutiv.

Mutationen im *lac*I-Gen können auch umgekehrte Effekte haben; so führt eine Mutation im Promotor von *lac*I zu einer bis auf das Hundertfache erhöhten Synthese des Lac-Repressors (Mutation I^Q, engl. *quantity*) mit dem Ergebnis einer gesteigerten Repressionsrate und einer verminderten Induzierbarkeit. Bei der I^S-Mutation (engl. *super repressor*) lässt sich das *lac*-Operon gar nicht mehr induzieren, da die Bindungsstelle des Repressors für Lactose defekt ist. Solche Mutanten wachsen also nicht in Lactose-Medium (Phänotyp *lac*$^-$), da das *lac*-Operon permanent reprimiert ist.

4 Konjugation bei Bakterien

a) oben: kein F-Faktor (auch Episom genannt), Genotyp F$^-$

in der Mitte: F-Faktor im Cytoplasma vorhanden, Genotyp F$^+$

unten: F-Faktor in das bakterielle Chromosom integriert, Genotyp Hfr

b) Bei der Konjugation bildet die F$^+$-Zelle (Spender- oder Donor-Zelle) eine temporäre Plasmabrücke zu der F$^-$-Zelle (Empfänger- oder Akzeptor-Zelle) aus. Das F-Plasmid wird in der F$^+$-Zelle repliziert und die Kopie über die Plasmabrücke auf die F$^-$-Zelle übertragen. Durch die vorherige Replikation des F-Faktors bleibt der F$^+$-Zustand der Spenderzelle erhalten, während die F$^-$-Zelle in eine F$^+$-Zelle umgewandelt wird; der Genotyp F$^+$ ist also „ansteckend".

c) Gelegentlich wird der F-Faktor nach der Übertragung in das Chromosom der Empfängerzelle integriert (dieser Vorgang ähnelt formal der Entstehung von Prophagen durch Integration von

Phagen-DNA in die chromosomale DNA). Auch auf diese Weise wird die Empfängerzelle in eine Spenderzelle umgewandelt. Bei folgenden Konjugationen werden dann häufig auch Stücke chromosomaler DNA übertragen, was zu einer dem Crossing-over vergleichbaren Rekombination von genetischem Material zwischen Bakterien führt. Daher bezeichnet man diese Spenderzellen nicht einfach als F$^+$, sondern als Hfr-Zellen (engl. *high frequency of recombination*).

5 Antibiotikaresistenz und Fluktuationstest
a) Aus einer Bakterienkultur werden als Kontrollversuch stark verdünnte Proben auf Nährböden mit und ohne Antibiotikum plattiert. Gleichzeitig werden 40 Milliliter aus der Flüssigkultur entnommen und in zwei Ansätze zu je 20 Milliliter aufgeteilt. In Ansatz A werden die 20 Milliliter gleichmäßig zu je 0,5 Milliliter auf 40 Kulturgefäße verteilt und weiter kultiviert. Nachdem sich die Bakterien ausreichend vermehrt haben, werden die Einzelproben auf antibiotikumhaltige Nährböden plattiert. Dagegen werden in Ansatz B die 20 Milliliter Bakterienkultur in einem einzigen Gefäß belassen und darin weiter bebrütet. Anschließend werden je 0,5 Milliliter der Kultur auf antibiotikumhaltige Nährböden plattiert (wie in Ansatz A).
b) Wie die Kontrolle zeigt, befinden sich zu Beginn des Versuchs keine antibiotikumresistenten Zellen in der Bakterienkultur.
In Ansatz A (40 Einzelproben) ist die Kolonienzahl in den plattierten Ansätzen sehr unterschiedlich. Während auf manchen Platten keine Bakterien wachsen, haben sich auf anderen zahlreiche Kolonien gebildet. Demgegenüber finden sich in Ansatz B auf allen Platten etwa gleich viele Bakterienkolonien.
Das Auftreten von resistenten Bakterien ist auf Mutationen zurückzuführen. Wären diese Mutationen durch den Kontakt der Zellen mit dem Antibiotikum hervorgerufen worden, so sollten in Ansatz A und B auf allen 80 Platten etwa gleich viele Kolonien zu finden sein. Die starke Streuung (Fluktuation) in Ansatz A weist aber nach, dass die Resistenz als zufälliges Mutationsereignis schon vorher entstanden sein muss. Die unterschiedliche Kolonienanzahl ist durch den Zeitpunkt der in den einzelnen Ansätzen spontan aufgetretenen Mutation zu erklären: Je früher diese stattgefunden hat, desto mehr resistente Bakterienzellen konnten sich durch fortgesetzte Teilung der mutierten Ausgangszelle bilden.
Der Fluktuationstest bestätigt also die Hypothese von DELLBRÜCK und LURIA.

6 Humangenetik

Seite 162

1. – Die im Blut befindlichen Lymphocyten können künstlich zur Teilung angeregt werden. In einem Nährmedium (unter anderem Salze, Glucose, Aminosäuren, Hormone) werden die Zellen 70 Stunden bei 37 °C bebrütet.
– Ihre Teilungen werden nach dreistündiger Behandlung mit Colchicin, das die Ausbildung des Spindelapparats verhindert, in der frühen Metaphase der Mitose gestoppt.
– Nach der Zentrifugation wird der Überstand (Nährmedium) abgesaugt.
– Zum Sediment wird destilliertes Wasser zugegeben, wodurch die kernlosen Erythrocyten platzen (Osmose, rötliche Färbung der Lösung) und die Lymphocyten quellen.
– Nach einer weiteren Zentrifugation werden die Zelltrümmer der Erythrocyten im Überstand entfernt.
– Mit einem Methanol-Eisessig-Gemisch werden die Chromosomen fixiert.
– Durch die Zentrifugation konzentriert man die Lymphocyten im Sediment.
– Aus der konzentrierten Fixierlösung werden die aufgequollenen Lymphocyten auf einen Objektträger getropft, wobei sie platzen.
– Nach dem Trocknen der Objektträger werden die Chromosomen in GIEMSA-Lösung angefärbt, wobei die G-Banden an besonders Adenin- und Thymin-haltigen Abschnitten der DNA entstehen. Die Banden der Chromosomen können bei lichtmikroskopischer Auflösung gesehen werden.
– Das Fotografieren ermöglicht die anschließende Ordnung der Chromosomen im Karyogramm. Dazu werden die Chromosomen einzeln aus der Fotografie ausgeschnitten.

Seite 165

1. Bei eineiigen Zwillingen ist es unerheblich, ob sie unter gleichen oder ungleichen Umweltbedingungen aufgewachsen sind. Die Differenzen der absoluten Werte ihrer Körpergröße oder Schädelmaße wie Länge und Breite sind nicht von Umweltbedingungen beeinflusst. Zweieiige Zwillinge hingegen, die unter gleichen Umweltbedingungen aufgewachsen sind, unterscheiden sich bezüglich ihrer Körpergröße sowie der Schädellänge und Schädelbreite erheblich mehr. Damit besteht offensichtlich ein großer genetischer Einfluss auf die Körpergröße, Schädellänge und Schädelbreite.

Seite 166

1. X_h = X-Chromosom mit defektem Allel des Faktor-VIII-Gens
X_H = X-Chromosom mit intaktem Allel des Faktor-VIII-Gens

```
         ● Urgroßmutter          □ Urgroßvater
           Königin Viktoria         $X_H Y$
           $X_H X_h$
   ┌─────────┼──────────┬─────────┐
   □         ●          ●         □
 Großvater Großmutter Großmutter Großvater
  $X_H Y$  Victoria    Alice     $X_H Y$
          $X_H X_h$   $X_H X_h$
       ┌──────┴──┐  ┌──┴──────┐
       □ Heinrich   ● Irene
         von Preußen  von Hessen
         $X_H Y$     $X_H X_h$
              ■ Waldemar
                $X_h Y$
```

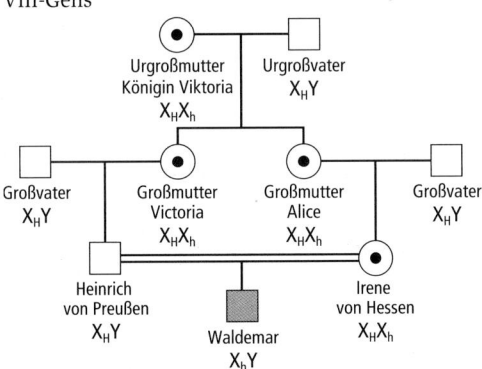

2. Da alle Söhne von Großvater Waldemar, die er mit einer homozygot gesunden Frau (Großmutter der Enkel) bekommt, gesund sind, und die eingeheiratete Mutter der Enkel auch homozygot gesund ist, müssen alle Enkel von Waldemar gesund sein.

```
  ■ Großvater      □ Großmutter
    Waldemar         $X_H X_H$
    $X_h Y$
    └─────┬─────┘
     □ Vater      □ eingeheiratete Mutter
       $X_H Y$      $X_H X_H$
       └──────┬──────┘
       □  □  □  □
       männliche Enkel von Waldemar
                $X_H Y$
```

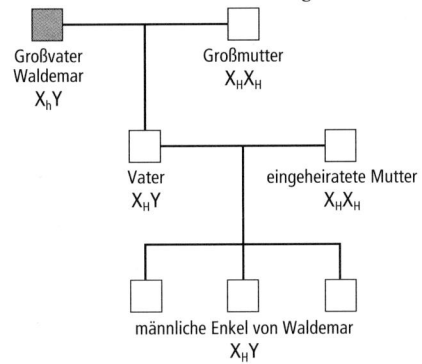

3. Da alle Töchter von Großvater Waldemar, die er mit einer homozygot gesunden Frau (Großmutter der Enkel) bekommt, Überträgerinnen sind, und der eingeheiratete Vater der Enkel hemizygot gesund ist, werden mit der Wahrscheinlichkeit von 50 Prozent die männlichen Enkel von Waldemar gesund sein beziehungsweise an Hämophilie A erkranken.

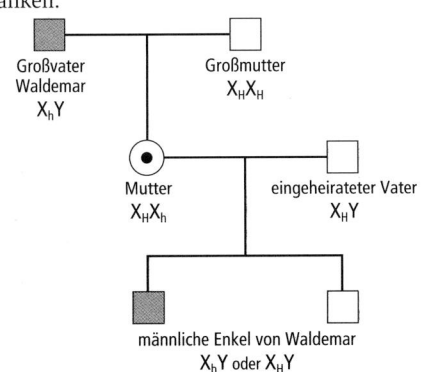

```
  ■ Großvater      □ Großmutter
    Waldemar         $X_H X_H$
    $X_h Y$
    └─────┬─────┘
     ● Mutter     □ eingeheirateter Vater
       $X_H X_h$    $X_H Y$
       └──────┬──────┘
         ■  □
       männliche Enkel von Waldemar
         $X_h Y$ oder $X_H Y$
```

4.

P Frau ohne Rotgrün-Sehschwäche X Mann mit Rotgrün-Sehschwäche
   $X_R X_r$ $X_r Y$

Gameten: X_R, X_r, X_r, Y

F_1:
$X_R X_r$	$X_R Y$	$X_r X_r$	$X_r Y$
25 %	25 %	25 %	25 %
Frau ohne Rotgrün-Sehschwäche	Mann ohne Rotgrün-Sehschwäche	Frau mit Rotgrün-Sehschwäche	Mann mit Rotgrün-Sehschwäche

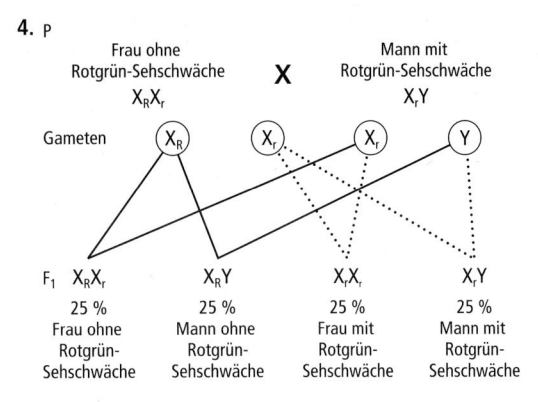

Seite 167

1. Bei der genomischen Prägung spielt es eine Rolle, ob bestimmte Allele vom Vater oder der Mutter vererbt werden. Der Vater hat einen Herzfehler, den er von seinem Vater, der an Muskelverkrampfung litt, geerbt hat. Unter der Annahme, dass sich dieser Defekt wie das PRADER-WILLI- und das ANGELMANN-Syndrom verhält, ist davon auszugehen, dass sich bei einer väterlichen Vererbung ein Herzfehler einstellt. Somit hat der Vater mit Muskelverkrampfung diese wiederum von seiner Mutter geerbt. Bei dessen Sohn prägt sich das Allel, da es nun vom Vater vererbt wird, als Herzfehler aus.
Die Tochter und der Sohn des Vaters mit Herzfehler werden beide Herzfehler haben, da nicht ihr Geschlecht, sondern das des Elters, der das Allel vererbt – in diesem Fall der Vater – von Bedeutung ist.
Die Enkel beiderlei Geschlechts des Sohnes würden im Falle, dass sie das Allel vererbt bekommen, alle einen Herzfehler haben. Die Enkel beiderlei Geschlechts der Tochter würden im entsprechenden Fall an einer Muskelverkrampfung leiden.

Seite 171

1. Grundsätzliche Beweggründe, eine genetische Beratungsstelle aufzusuchen, sind:
– Beruhigung einer allgemeinen Sorge der Eltern bereits vor oder während einer Schwangerschaft um die Gesundheit ihrer noch ungeborenen Kinder
– Bestimmung von Risiken genetisch bedingter Anomalien
Der Besuch einer genetischen Beratungsstelle wird empfohlen bei erhöhtem Risiko durch:
– Vorliegen einer genetischen Anomalie eines Partners
– gehäuftes Auftreten bestimmter Krankheiten in den Familien der Partner
– wiederholte Fehlgeburten
– Rat Suchende, die bereits ein Kind mit genetisch bedingter Behinderung haben

– Verwandtschaft der Partner mit Kinderwunsch
– Einwirkung schädigender Umwelteinflüsse (Strahlenbelastung, Medikamente, Virusinfektion, Drogenkonsum) vor oder während der Schwangerschaft
- spät gebärende Frauen
- Paare, bei denen der Vater über 40 Jahre alt ist

2. nicht-invasiv:
1 Blutentnahme bei der Mutter
Zwischen der 15. bis 19. Schwangerschaftswoche wird die Konzentration des Alpha-Feto-Proteins und der Hormone Human-Choriongonadotropin (HCG) – dem Hormon, das beim Schwangerschaftstest nachgewiesen wird – sowie Östradiol im Blut der Mutter bestimmt. Sie geben Hinweise auf schwere Wirbelsäulenfehlbildungen beziehungsweise Trisomie 18 oder 21 beim Kind.
2 Ultraschall-Untersuchung
Die Ultraschall-Untersuchung wird routinemäßig dreimal durchgeführt: in der 9. bis 12., der 18. bis 22. und der 29. bis 32. Schwangerschaftswoche. Mit dieser für Kind und Mutter risikoarmen Prozedur lassen sich der Entwicklungszustand, größere Fehlbildungen und, falls gewünscht, das Geschlecht des Kindes bestimmen.
invasiv:
3 Amniozentese
Bei der Fruchtwasserpunktion, der Amniozentese, werden ab der 14. Schwangerschaftswoche (bis zur 20. Schwangerschaftswoche, was allerdings für einen Abbruch bereits sehr spät ist) mit einer 0,7 Millimeter feinen Nadel Zellen aus dem Fruchtwasser entnommen.
4 Nabelschnurpunktion
Bei der Nabelschnurpunktion wird fetales Blut aus der Nabelschnur entnommen.
5 Chorionzottenbiopsie
Bei der Chorionzottenbiopsie erfolgt die Entnahme fetaler Zellen aus dem Choriongewebe in der 10. bis 12. Schwangerschaftswoche.
Alle Untersuchungen werden so früh wie möglich durchgeführt, damit sich im Fall einer Indikation die Rat Suchenden möglichst gut auf die Behinderung ihres Kindes einstellen und die behandelnden Ärzte früh Therapien einleiten können. Bei schweren Indikationen bleibt es den Eltern nach Beratung überlassen, einen Schwangerschaftsabbruch im Rahmen der gesetzlichen Vorgaben durchzuführen. Besteht eine kriminologische Indikation (die Schwangerschaft durch eine Straftat, zum Beispiel eine Vergewaltigung), darf der Abbruch bei dieser Indikation nur bis zum Ende der 12. Woche nach der Empfängnis durchgeführt werden.
Eine medizinische Indikation ist gegeben, wenn die Fortsetzung der Schwangerschaft unter der Berücksichtigung der gegenwärtigen und künftigen Lebensverhältnisse eine Gefahr für die körperliche oder seelische Gesundheit der Mutter bedeutet. Bei dieser Indikation gibt es keine gesetzliche Frist, bis wann der Abbruch durchgeführt sein muss. Eine medizinische Indikation liegt auch vor, wenn ein Abbruch erwogen wird, weil aus ärztlicher Sicht mit einer erheblichen gesundheitlichen Schädigung des Kindes zu rechnen ist. Auch in diesem Fall kommt es aber letztlich darauf an, ob die körperliche oder seelische Gesundheit der Mutter gefährdet ist, wenn sie die Schwangerschaft fortsetzen und das Kind bekommen würde.

3. – In den etwa 30 Milliliter Fruchtwasser, die während der Amniozentese entnommen werden, befinden sich genügend embryonale Zellen.
– Nach der Zentrifugation der Flüssigkeit sammeln sich die Zellen am Boden des Gefäßes an.
– Auf einem Kulturmedium werden die Zellen in Zellkultur genommen. Hier teilen sich die Zellen in mehreren Mitosezyklen, wodurch die Zellanzahl vergrößert wird.
– Nach etwa zwei Wochen werden die Teilungen zum Beispiel mit Colchicin, das die Ausbildung des Spindelapparats verhindert, in der frühen Metaphase der Mitose gestoppt, und mithilfe von Bandenmustern (vergleiche Abbildung 162.1 im Schülerbuch) nach chromosomalen Defekten gesucht.
– Mithilfe der PCR können Chromosomenaberrationen und das Vorliegen bestimmter Allele nachgewiesen werden. Der Vorteil dieses Verfahrens ist eine schnelle Analyse und geringe erforderliche Anzahl an Zellen.
Hinweis: Ergänzende Hilfe finden Sie auf Seite 162 im Schülerbuch und in der Lösung zu Aufgabe 1 auf Seite 162.

Seite 173

AUFGABEN: Humangenetik

1 Vererbung von Bluteigenschaften
a) Das Elternpaar mit den Blutgruppen
A/Rh$^+$ X   A/Rh$^-$
ist das einzige Elternpaar, das ein Kind mit der Blutgruppe 0 bekommen kann: Kind 0/Rh$^-$.
Das Elternpaar mit den Blutgruppen
AB/Rh$^+$ X   B/Rh$^-$
ist das einzige Elternpaar, das ein Kind mit der Blutgruppe AB bekommen kann: Kind AB/Rh$^+$.
Für das Elternpaar mit den Blutgruppen
AB/Rh$^-$ X   0/Rh$^+$
bleibt dieses Kind übrig: B/Rh$^+$.
b)

	Mutter		Vater
Genotyp: Blutgruppe/ Rhesus-Faktor	A0 / Rh$^+$ Rh$^-$	X	A0 / Rh$^-$ Rh$^-$
	AB / Rh$^+$ Rh$^+$ oder	X	B0 / Rh$^-$ Rh$^-$ oder
	AB / Rh$^+$ Rh$^-$		BB / Rh$^-$ Rh$^-$
	AB / Rh$^-$ Rh$^-$	X	00 / Rh$^+$ Rh$^+$ oder
			00 / Rh$^+$ Rh$^-$

c) Beim dritten Elternpaar erwartet die Rhesus-negative Mutter ein Rhesus-positives Kind. Um eine Antikörperbildung (Anti-D) im Blut der Mutter zu verhindern, werden vorbeugende Maßnahmen getroffen. Hierzu injiziert man der Mutter unmittelbar nach der Geburt des ersten Rhesus-positiven Kindes Antikörper (Anti-D) und vermeidet dadurch die mütterliche Antikörperproduktion. Dadurch wird bei einer weiteren Schwangerschaft mit einem Rhesus-positiven Kind die Unverträglichkeit zwischen dem Blut der Mutter und dem Blut des Rhesus-positiven Fetus vermieden. Dabei würden die Antikörper (Anti-D) der Mutter die Erythrocyten des Fetus zerstören. Als Folge könnte wegen der Blutarmut und der Hirnschädigungen, die durch die Hämoglobin-Abbauprodukte ausgelöst werden, der Fetus absterben.

2 X-Chromosomen-gebundene Vererbung

Kriterien für eine X-Chromosomen-gebundene rezessive Vererbung:
(2) Die Krankheit kommt bei Männern häufiger vor.
(3) Die Krankheit wird nie vom Vater zum Sohn vererbt.
(6) Nur kranke Männer können kranke Töchter haben.
(8) Ehen zwischen gesunden Frauen und gesunden Männern können 50 Prozent kranke Söhne haben.
(9) Die Krankheit wird von einem kranken Großvater über seine gesunden Töchter auf die Hälfte seiner Enkel übertragen.

Kriterien für eine X-Chromosomen-gebundene dominante Vererbung:
(1) Die Krankheit kommt bei Frauen häufiger vor.
(3) Die Krankheit wird nie vom Vater zum Sohn vererbt.
(4) Ehen zwischen kranken Frauen und gesunden Männern haben 50 Prozent kranke Söhne und 50 Prozent kranke Töchter.
(5) Alle Töchter eines kranken Mannes sind krank.
(7) Männer sind meist schwerer von der Krankheit betroffen als Frauen.

3 Vererbung der Polydaktylie

a) Beide Geschlechter sind betroffen; ein gonosomal bedingter Erbgang kommt nur für das X-Chromosom infrage. Wegen der großen Anzahl betroffener Frauen ist ein X-Chromosomen-gebundener Erbgang unwahrscheinlich, aber noch nicht ausgeschlossen. Da zwei von der Polydaktylie betroffene Personen (6 und 7) einen gesunden Nachkommen haben, muss die Polydaktylie dominant vererbt werden. Im Falle rezessiver Vererbung hätten betroffene Personen nur Kinder mit Polydaktylie. Paar 3 und 4 schließt bei dominanter Vererbung der Polydaktylie einen X-Chromosomen-gebundenen Erbgang aus, da der männliche Nachkomme 7 das Y-Chromosom vom Vater geerbt hat, das X-Chromosom von der Mutter, die keine Polydaktylie hatte. Damit handelt es sich um einen autosomal dominanten Erbgang.

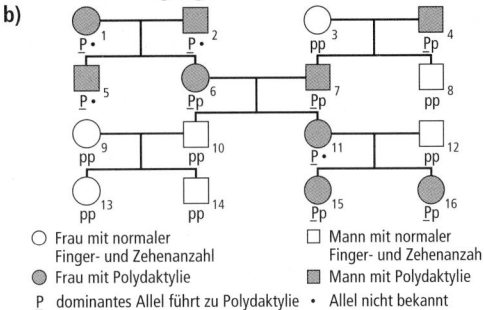

b)

○ Frau mit normaler Finger- und Zehenanzahl
● Frau mit Polydaktylie
□ Mann mit normaler Finger- und Zehenanzahl
■ Mann mit Polydaktylie
P dominantes Allel führt zu Polydaktylie
p rezessives Allel, gesund
• Allel nicht bekannt

c) Person 6 muss den Genotyp Pp besitzen, weil sie sonst mit Person 7 (Genotyp sicher Pp) keinen gesunden Nachkommen bekommen könnte.

d) Person 11 kann sowohl den homozygoten Genotyp PP als auch den heterozygoten Genotyp Pp besitzen. Ihre zwei von Polydaktylie betroffenen Kinder lassen beide Genotypen zu. Die Wahrscheinlichkeit, zwei von Polydaktylie betroffene Kinder bei Heterozygotie der Mutter zu bekommen, beträgt 25 Prozent. Bei Homozygotie der Mutter wäre die Wahrscheinlichkeit für jedes geborene Kind, von Polydaktylie betroffen zu sein, 100 Prozent. Je mehr Kinder mit Polydaktylie geboren werden, desto unwahrscheinlicher wird es, dass die Mutter heterozygot ist. Allerdings kann Heterozygotie nie ganz ausgeschlossen werden.

e) Beide Eltern sind heterozygot. In drei (PP, Pp, pP) von vier (PP, Pp, pP, pp) Allelkombinationen hat das Kind Polydaktylie. Dies macht eine Wahrscheinlichkeit von 75 Prozent aus, ein Kind mit Polydaktylie zu bekommen.

4 Vererbung von Nachtblindheit

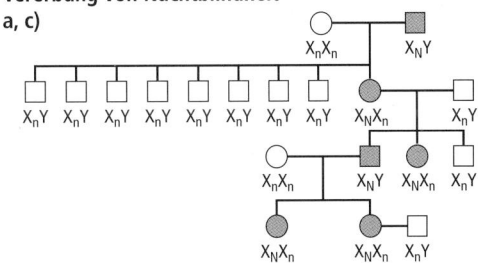

a, c)

b) Die Nachtblindheit wird dominant vererbt. Der Stammbaum lässt sowohl autosomale als auch X-chromosomale Vererbung zu. Da die Großmutter acht gesunde Brüder hatte, ist ein X-chromosomal-dominanter Erbgang am wahrscheinlichsten. Der heterozygote Vater (Nn) hätte andernfalls achtmal das n-Allel vererbt, was nur mit einer Wahrscheinlichkeit von $1/2^8 = 1/256 = 0{,}0039$, also knapp 0,4 Prozent passieren würde. Daher spricht viel in diesem Stammbaum für eine X-chromosomal-dominante Vererbung der Nachtblindheit. In diesem

Fall kann ein kranker Vater keine kranken Söhne bekommen, da er den Söhnen immer das Y-Chromosom vererbt und niemals das Allel-tragende X-Chromosom. Nachtblindheit wird also sehr wahrscheinlich X-chromosomal-dominant vererbt.
d) Die Wahrscheinlichkeit, dass eines der Kinder auch nachtblind wird, beträgt 50 Prozent. Wäre auch der Vater nachtblind, wären alle Mädchen (100 Prozent) und nach wie vor 50 Prozent der Jungen betroffen.

5 Vererbung von Merkmalen, Krankheiten und Syndromen

1. Rotgrün-Sehschwäche
Genmutation
X-Chromosomen-gebundene rezessive Vererbung in einem Gen des X-Chromosoms (Xq28)
In Westeuropa haben etwa acht Prozent der Männer die Rotgrün-Sehschwäche: Bei 75 Prozent basiert der Defekt auf einer Mutation im Grün-Opsin-Gen, bei 25 Prozent auf einer Mutation im Rot-Opsin-Gen. Dies verursacht ein Fehlen der entsprechenden Pigmente in den Zapfen und ruft daher die Sehschwäche hervor.

2. MARFAN-Syndrom
Genmutation
autosomal dominante Vererbung im Fibrillin-Gen des Chromosoms 15 (15q21.1)
Beim MARFAN-Syndrom ist das Bindegewebe der Betroffenen erkrankt und kann seine Aufgaben nicht mehr wahrnehmen. Da der gesamte Körper Bindegewebe enthält, betrifft das MARFAN-Syndrom viele Teile des Körpers wie Skelett, Augen, Herz und Blutgefäße, Nervensystem, Haut und Lungen. Symptome der Krankheit sind überlange Arme und Beine mit langen, schlanken Fingern und Zehen, Kurzsichtigkeit, gekrümmte Wirbelsäule und Herzprobleme.

3. Blutgruppen
multiple Allelie
kodominante Vererbung mehrerer Blutgruppenallele (A (A_1, A_2), B und 0) in einem Gen des Chromosoms 9 (9q34,1–q34,2)
In den verschiedenen Kombinationen ergeben sich die Blutgruppen A, B, 0 und AB.

4. Hämophilie A
Genmutation
X-Chromosomen-gebundene rezessive Vererbung im Faktor-VIII-Gen des X-Chromosoms (Xq28)
Bei der Hämophilie fehlen Blutgerinnungsfaktoren, sodass Betroffene zeitlebens unter Blutgerinnungsstörungen leiden. 85 Prozent aller Bluter sind von Hämophilie A betroffen; hier fehlt der Blutgerinnungsfaktor VIII. Als Symptome treten vorwiegend Gelenkblutungen, jedoch auch andere Blutungen wie Muskel- und Nierenblutungen, auf.

5. Rhesus-Faktor
Genmutation
autosomal dominante Vererbung in einem Gen des Chromosoms 1 (1p36.2–p34)

6. Hautpigmentierung
additive Polygenie
Mehrere Gene sind an der Ausprägung beteiligt. Je mehr Allele in verschiedenen Genen vorhanden sind, die zu dunkler Hautpigmentierung führen, desto farbtiefer wird die Haut.

7. Phenylketonurie
Genmutation
autosomal rezessive Vererbung in einem Gen des Chromosoms 12 (12q22–q24.1)
Durch den Enzymdefekt wird Phenylalanin nur teilweise in Tyrosin umgewandelt. Phenylalanin stört in den ersten Lebenswochen die Reifung des Gehirns auf irreparable Weise. Das führt zu einer nicht mehr rückgängig zu machenden Hirnschädigung.

8. EDWARDS-Syndrom
numerische Chromosomenmutation (47 XY + 18 oder 47 XX + 18)
Beim EDWARDS-Syndrom, auch Trisomie 18 genannt, liegt das Chromosom 18 dreifach vor. Die körperlichen Defekte sind schwer: Gaumenspalte, Taubheit, Missbildungen an Herz, Nieren und Gehirn. Die meisten Kinder sterben innerhalb des 1. Lebensjahres.

9. PRADER-WILLI-Syndrom
genomische Prägung, Deletion
Beim PRADER-WILLI-Syndrom ist die kleine Region des Chromosoms 15 (15q11–13) deletiert. Die Folgen dieser Deletion sind Muskelschwäche, Minderwuchs und Verhaltensstörungen. Diese Symptome zeigen sich, wenn das väterliche Chromosom 15 von der Deletion betroffen ist.

10. DOWN-Syndrom
numerische Chromosomenmutation (47 XY + 21 oder 47 XX + 21)
Beim DOWN-Syndrom, auch Trisomie 21 genannt, liegt das Chromosom 21 dreifach vor. Das Erscheinungsbild eines Menschen mit DOWN-Syndrom ist durch Minderwuchs, kurzem Hals, einem Schädel mit flachem Hinterkopf und schmalen Lidspalten gekennzeichnet. Bei vielen Betroffenen sind innere Organe wie Herz und Darm fehlgebildet und die Lebenserwartung ist herabgesetzt. Intensive Therapieformen können die geistige Behinderung mildern.

11. TURNER-Syndrom
numerische Chromosomenmutation (45 X0)
Beim TURNER-Syndrom, auch X0-Monosomie genannt, fehlt das zweite X-Chromosom beziehungsweise Y-Chromosom.
Betroffene sind phänotypisch weiblich, jedoch unterbleibt die Ausbildung funktionsfähiger Eierstöcke und sekundärer Geschlechtsmerkmale. Außerdem ist das Körperwachstum beeinträchtigt. Das TURNER-Syndrom ist die einzige numerische Chromosomenmutation, bei der Menschen mit 45 Chromosomen leben können.

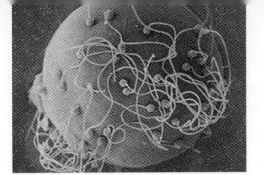

Fortpflanzung und Entwicklung

1 Fortpflanzung

Seite 179

1. Wenn haploide Geschlechtszellen miteinander verschmelzen, entsteht eine diploide Zygote. Sie wächst zu einem diploiden Organismus heran, der durch Reduktionsteilung wieder haploide Gameten hervorbringt. Diesen regelmäßigen Wechsel zwischen diploidem und haploidem Zustand bezeichnet man als Kernphasenwechsel.
Von Generationswechsel spricht man, wenn sich unterschiedlich (geschlechtlich, ungeschlechtlich) fortpflanzende Generationen abwechseln.
2. Der Lebenszyklus beider Formen bringt sowohl eine diploide als auch eine haploide Generation hervor; sie sind also Diplohaplonten.
Die frei schwimmende Meduse stellt die Geschlechtsgeneration dar. Der aus der Zygote hervorgehende, meist festsitzende Polyp erzeugt durch Querteilungen und somit auf ungeschlechtlichem Weg quallenähnliche Larven.
Das Moospflänzchen stellt den Gametophyten dar, der durch geschlechtliche Fortpflanzung den Sporophyten hervorbringt. Dieser bildet meiotisch Sporen, pflanzt sich also ungeschlechtlich fort.

2 Entwicklung bei Tier und Mensch

Seite 182

1. (linke Spalte): Das helle Dottermaterial ist am vegetativen Pol konzentriert. Ihm gegenüber liegt der dunkel pigmentierte animale Pol, der den Zellkern umschließt.
2. Die Entwicklungsstadien eines Amphibienkeimes sind Zygote, Morula, Blastula, Gastrula, Neurula, Kaulquappe, juveniler Frosch, adulter Frosch.
3. Ringelwürmer, Insekten, Krebse und Spinnen zeigen Metamerie.
1. (rechte Spalte): Amnionhöhle mit Amnion und Serosa, Dottersack und Allantois (embryonaler Harnsack) sind Embryonalorgane bei Vögeln.

Seite 184

1. Die menschliche Eizelle ist extrem dotterarm und verfügt somit nicht, wie zum Beispiel Vogeleier, über Reservestoffe für die weitere Entwicklung. Diese findet im Mutterleib statt. Für die Versorgung wird ein embryonales Ernährungsorgan ausgebildet, die Plazenta. Über diese wird der Keim mit Sauerstoff und Nährstoffen versorgt beziehungsweise von Exkretstoffen befreit.
2. Die Embryonalentwicklung aller Wirbeltiere erfordert eine wässrige Umgebung. Fische und Amphibien legen ihren Laich in Meer- oder Süßwasser ab. Vögel (wie auch Reptilien) und Säugetiere haben Mechanismen entwickelt, sich in einer trockenen Umgebung fortpflanzen zu können.
Vögel entwickeln sich in von Schalen umgebenen Eiern, Säugetiere in der Gebärmutter des weiblichen Elternteils. Bei beiden Tiergruppen entwickelt sich der Keim in einer flüssigkeitsgefüllten Blase, dem Amnion. Sie gestalten die erforderliche wässrige Umgebung also selbst.
3. Die Nabelschnur verbindet Mutterkuchen und Embryo beziehungsweise Fetus. Sie dient der Versorgung des Keimes mit energieliefernden Stoffen wie Glucose, aufbauenden Stoffen wie Aminosäuren und Fettsäuren sowie der Versorgung mit Vitaminen, Mineralstoffen, Spurenelementen und letztlich mit Sauerstoff. Über die Nabelschnur vom Keim weggeführt werden Stoffe, für die keine Verwendung mehr besteht, wie zum Beispiel Kohlenstoffdioxid oder Harnstoff.

3 Entwicklung bei Samenpflanzen

Seite 187

1. Bei Säugetieren wird eine Eizelle durch eine Samenzelle befruchtet, bei Samenpflanzen dagegen findet eine doppelte Befruchtung statt: Der eine Spermakern verschmilzt mit dem Kern der Eizelle, der andere mit dem sekundären Embryosackkern zum triploiden Endospermkern. Aus letzterem geht das als Nährgewebe fungierende Endosperm hervor. Die doppelte Befruchtung stellt sicher, dass sich ein Nährgewebe nur in der Samenanlage entwickelt, deren Eizelle befruchtet wurde.

2. Der Samen ist das der Arterhaltung und Verbreitung dienende Organ der Samenpflanzen, das im reifen Zustand aus dem Embryo, dem Nährgewebe und einer mehr oder weniger festen, aus den Integumenten hervorgehenden Schale besteht.
3. Nach einer artspezifischen Samen- oder Keimruhe setzt sich die Entwicklung des vorübergehend ruhenden Embryos zur geschlechtsreifen Pflanze fort: Durch Wasseraufnahme vergrößert sich der Sameninhalt und die Samenschale platzt. Die im Nährgewebe beziehungsweise in den Keimblättern gelagerten Reservestoffe werden mobilisiert. Es erfolgt die Streckung der Keimwurzel des Embryos, die positiv geotrop in den Boden einwächst. Nachdem die Keimwurzel aus dem Samen hervorgetreten ist, beginnt auch die Keimachse zu wachsen. Sie richtet sich negativ geotrop auf und ist hakenförmig gekrümmt. Nach dem Durchbrechen des Bodens entfalten sich schließlich die Keimblätter. Sie ergrünen und befreien sich aus der Samenschale. Die Keimung ist abgeschlossen, wenn die Reservestoffe des Samens aufgebraucht sind und die junge Pflanze nach Ausbildung funktionsfähiger Wurzeln und Blätter zu selbstständiger Lebensweise übergeht.
Zellteilung und Wachstum beschränken sich auf die Vegetationspunkte mit dauernd teilungsfähigem Gewebe, dem Meristem. Durch komplexe Differenzierungsvorgänge wird der adulte Pflanzenkörper hervorgebracht.
4. Meristeme sind Gewebe mit dauernd teilungsfähigen Zellen. Aus ihnen gehen alle Gewebe und Organe der embryonalen und später der adulten Pflanze hervor.

Seite 188

PRAKTIKUM: Pflanzenentwicklung

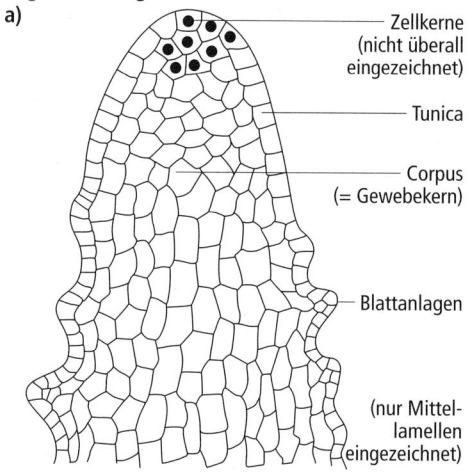

1 Vegetationskegel
a)

b) 1: Sprossscheitel; 2: Blatt; 3: Achselknospe; 4: Keimblatt; 5: Keimachse; 6: Seitenwurzel; 7: Hauptwurzel; 8: Wurzelscheitel
Vegetationskegel findet man bei 1, 3, 6 und 8.

2 Wachstum der Wurzel
a) –
b)

Die Wachstumszone befindet sich, wie das Auseinanderrücken der Folienstiftmarken erkennen lässt, etwas oberhalb der Wurzelspitze. Hier finden die Zellteilungen statt. Die Wurzelhaube umhüllt schützend das darunter liegende zarte Teilungsgewebe beim Eindringen der Wurzel in das Erdreich.

3 Keimung von Pollenkörnern
a) –
b) Nach fünf Minuten beginnen die ersten Pollenkörner zu keimen. Nach 15 Minuten sind alle Pollenkörner gekeimt. Eine Skizze eines gekeimten Pollenkorns könnte wie folgt aussehen:

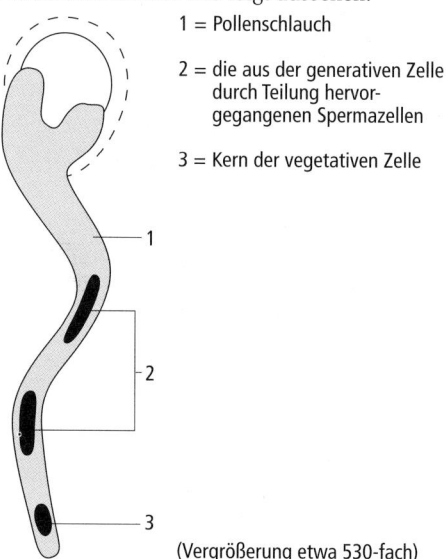

1 = Pollenschlauch
2 = die aus der generativen Zelle durch Teilung hervorgegangenen Spermazellen
3 = Kern der vegetativen Zelle

(Vergrößerung etwa 530-fach)

4 Embryo beim Hirtentäschelkraut

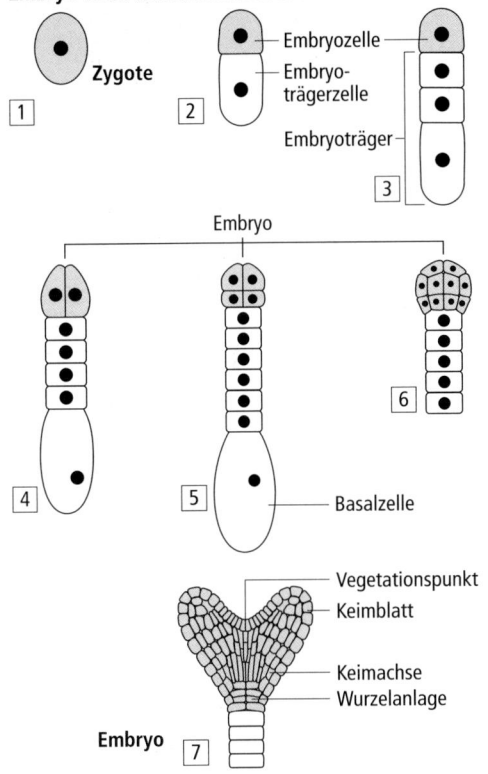

(Abbildung: Entwicklungsstadien 1–7 mit Beschriftungen: Zygote, Embryozelle, Embryoträgerzelle, Embryoträger, Embryo, Basalzelle, Vegetationspunkt, Keimblatt, Keimachse, Wurzelanlage)

5 Ethylen
In reifenden Früchten, besonders in Bananen und Äpfeln, wird das „Äpfelgas" Ethylen gebildet. Es hat den Charakter eines Pheromons, denn es beeinflusst nicht nur das Wachstum der Pflanze, in der es gebildet wird, sondern auch das Wachstum anderer Pflanzen. Im vorliegenden Experiment hemmt das von Äpfeln abgegebene Ethylen das Wachstum der Erbsenkeimlinge. Ligusterzweige geben kein Ethylen ab und beeinflussen folglich das Wachstum der Erbsenkeimlinge nicht.

Seite 189

AUFGABEN: Entwicklung bei Pflanze, Tier und Mensch

1 Fliegen aus faulendem Fleisch?
a) Im Ansatz oben ist das organische Material nicht abgedeckt. Nach drei Tagen sind Fliegenmaden im Substrat vorzufinden. Im Ansatz unten wird das organische Material durch eine Gaze abgedeckt.
Nach drei Tagen sind im abgeschirmten Substrat keine Maden zu beobachten, auf der Abdeckung befinden sich jedoch Fliegeneier.
b) Fliegenmaden und somit Fliegen entstehen also nicht aus faulendem Fleisch oder ähnlichem Substrat, sondern sie gehen aus (befruchteten) Fliegeneiern hervor.

2 Sexualität bei Pflanzen
a) Das auskeimende Pollenkorn enthält den haploiden vegetativen Kern, der später degeneriert, und zwei haploide Spermakerne. Beide Spermakerne wandern durch den sich entwickelnden Pollenschlauch auf die Mikropyle zu. Ein Spermakern wandert zum diploiden sekundären Embryosackkern und verschmilzt mit diesem zum triploiden Endospermkern. Der andere Spermakern gelangt in die Eizelle und verschmilzt mit deren Kern zum diploiden Zygotenkern.
b) 1: Spermakerne; 2: Synergiden; 3: Eizelle; 4: sekundärer Embryosackkern; 5: Antipoden; 6: Eizelle; 7: Spermakerne (generative Kerne); 8: sekundärer Embryosackkern; 9: Endospermkern

3 Generationswechsel bei Moosen
a) 1: keimende Spore; 2: Vorkeim (Protonema); 3: Rhizoid; 4: Blättchen des Sporophyten; 5: Antheridium; 6: Archegonien; 7: befruchtete Eizelle; 8: Sporophyt; 9: Sporenkapsel; 10: Deckel; 11: Sporen; 12: Spermatozoid
b) *Sporophyth:* 8 bis 11
Gametophyt: 1 bis 7, 12
c) Diese Aussage ist zutreffend. Regentropfen oder Tautropfen liefern die erforderliche „Wasserstrecke", die die Spermatozoiden von den Antheridien zu den Archegonien zurücklegen müssen.

4 Anlageplan
a) Unter einem Anlageplan versteht man die Tatsache, dass für bestimmte Bereiche einer Eizelle oder einer Blastula festgelegt ist, welche Entwicklungsrichtung sie einschlagen und zu welchen Organen sie sich entwickeln werden.
1: Neuroektoderm; 2: Chorda; 3: Somiten; 4: Seitenplatte; 5: Entoderm; 6: Urmund
b) Man kann bestimmte Bereiche der Blastula mit Neutralrot oder Nilblausulfat anfärben und dann im Verlauf der weiteren Entwicklung des Keimes den Verbleib des Farbstoffes verfolgen.
c) Aus dem Neuroektoderm, also dem näher zum Urmund hin gelegenen Ektoderm, entstehen Gehirn und Rückenmark.

5 Entwicklung bei Amphibien
a) 1: Urdarm; 2: Entoderm; 3: Chorda; 4: Neuralrinne; 5: Neuralwulst; 6: Mesoderm (Seitenplatten); 7: Ektoderm
b) Es handelt sich um ein frühes Neurula-Stadium.

6 Entwicklungsstadium bei einem Wirbeltier
a) 1: Ektoderm; 2: Amnionfalte; 3: Neuralrohr; 4: Mesoderm; 5: Dotter; 6: Chorda; 7: Somiten (mesodermal); 8: Entoderm
b) Die Ausbildung von Embryonalhüllen (äußere: Serosa, innere: Amnion) ist typisch für die Amnioten genannten Vögel, Reptilien und Säugetiere.
c) Das Entoderm umschließt zusammen mit dem Ektoderm und dem Mesoderm den Dotter und bildet den Dottersack. Blutgefäße liegen dem Dotter auf und versorgen den Embryo.

4 Die inneren und äußeren Bedingungen der Entwicklung

Seite 191

1. Die beiden Schnürungshälften sind in ihrer Entwicklungsrichtung festgelegt, können also nicht „umdisponieren": Sie entwickeln sich zu unvollständigen Keimen, so zum Beispiel zu einer vorderen und einer hinteren Keimhälfte.

Seite 193

1. Bei der Induktion wird die Entwicklung eines Keimbereichs durch einen benachbarten Keimbereich beeinflusst. Bei der Selbstdifferenzierung dagegen entwickelt sich ein Keimbereich unabhängig von der Einwirkung durch andere Keimbereiche.
2. Im allgemeinsprachlichen Verständnis des Begriffes „Organisator" geht es um gestalt- und strukturbildende Potenzen. Entwicklungsbiologische Untersuchungen haben ergeben, dass den Organisator genannten Gewebebereichen keine gestaltbildende, sondern nur eine auslösende Wirkung zukommt. Ein Organisator gibt den Anstoß zu einer Entwicklung, für die die Entwicklungspotenzen genetisch festgelegt sind. Diese Umschreibung ist kennzeichnend für einen Induktor. Daher sollte dieser Terminus verwendet werden.
3. Man schiebt zwischen ein Implantat, dem eine induzierende Wirkung zukommt, und dem zu induzierenden Wirtsbereich eine porenlose Membran und verfolgt den normalerweise durch Induktion bewirkten Entwicklungsvorgang. Bleibt die Entwicklung aus, ist die nachfolgende Erklärung plausibel: Die porenlose Membran verhindert, dass vom Implantat abgegebene Stoffe (Induktionsstoffe) in den Wirtsbereich gelangen können. Diese Hypothese lässt sich dadurch erhärten, dass man den Versuch mit einer für Ionen und größere Moleküle durchlässigen Membran wiederholt. Der induktive Effekt müsste in diesem Fall eintreten.

4. *Weg 1:* Induktiv wirksame Stoffe diffundieren in den extrazellulären Raum und docken an einen Rezeptor auf der Zelloberfläche an. Über Botenstoffe wird das Signal zum Zellkern geleitet.
Weg 2: Das Signal wird durch direkten Kontakt zweier komplementärer Proteine auf den Oberflächen von Induktor- und Zielzelle weitergeleitet.
Weg 3: Das Signal gelangt durch spezialisierte Poren von Zelle zu Zelle.

Seite 196

1. Maternale Gene sind nicht in der Zygote lokalisiert, sondern in Follikelzellen des Ovars. Dort werden sie transkribiert. Die mRNA wandert in die Zygote und wird im vorderen Teil derselben in Proteine übersetzt. Diese Proteine schalten in Abhängigkeit von ihrer Konzentration die zygotischen Gene an beziehungsweise blockieren sie.
2. Lücken-Gene, Paarregel-Gene, Segmentpolaritätsgene und homöotische Gene sind an der Ausbildung der Längsachse sowie an der Segmentierung bei *Drosophila* beteiligt.
3. Die homöotischen Gene (eine Klasse von Regulationsgenen) enthalten ein identisches Stück DNA mit einer Länge von 180 Basenpaaren, das man auch bei anderen an der Entwicklung beteiligten Genen findet. Diesen Abschnitt nennt man Homöobox.
4. Durch die große Entfernung des Enhancers kann es zu einer Schleifenbildung der DNA im Bereich der Promotorregion kommen, was Verschiebungen im Komplex aus RNA-Polymerase und Transkriptionsfaktoren nach sich ziehen kann. Das wiederum kann die Transkriptionsrate drastisch erhöhen. Bei geringen Entfernungen ist eine solche Schleifenbildung aus räumlichen Gründen nicht möglich.
5. Die Gesamtheit aller Entwicklungsmöglichkeiten beziehungsweise -schritte ist im Genom eines Individuums gespeichert. Die lage- beziehungsweise organspezifische Entwicklung eines Keimbereichs ist erst dadurch möglich, dass nichtspezifische Gene ausgeschaltet und spezifische Gene angeschaltet werden können.

Seite 199

EXKURS: Regeneration

1. In der Sprossspitze wird ein hormonähnlicher Stoff (Auxin) abgegeben. Es bildet sich ein Konzentrationsgradient in Richtung Wurzel aus. Stängelstücke haben an ihrem sprossnahen Ende eine relativ hohe Hormonkonzentration und bilden dort sprossähnliche Strukturen aus. An ihrem wurzelnahen Ende ist die Hormonkonzentration relativ niedrig, hier werden wurzelähnliche Strukturen ausgebildet.

Seite 200 bis 201

AUFGABEN: Entwicklungsfaktoren

1 Induktion
a) Ein Stück der dorsalen Urmundlippe (1) wird entnommen und in den Bereich der präsumtiven Bauchepidermis (3) eines anderen Keimes implantiert. Es entwickelt sich nicht zu Hautepidermis, sondern verlagert sich ins Innere, unter das Bauchektoderm. Ein ähnliches Ergebnis erhält man, wenn man das Implantat durch einen feinen Einschnitt in die Furchungshöhle der Blastula steckt (2). In beiden Fällen entsteht ein sekundärer Embryo (5).
b) In beiden Fällen entwickeln sich die Implantate also herkunftsgemäß. Zudem wird den Wirtsgeweben durch die Implantate eine Entwicklungsrichtung aufgezwungen, die sie normalerweise nicht eingeschlagen hätten. Es hat also ein induktiver Effekt stattgefunden.

2 Schnürungsversuch
a) Nach Teilung einer Gastrula entwickelt sich nur die Hälfte zu einer vollständigen Larve, die den Bereich der dorsalen Urmundlippe enthält. Die andere Hälfte entwickelt sich zu einem amorphen Bauchstück, dem die Achsenorgane fehlen.
b) Für die normale Entwicklung eines Molchkeimes ist also das Vorhandensein der dorsalen Urmundlippe notwendig. Diesem Keimbereich kann also die Eigenschaft eines Organisators zugeschrieben werden.

3 Austauschexperiment
a) Präsumtive Rumpfepidermis aus einem Froschkeim wird in die präsumtive Mundregion eines Molchkeimes übertragen. Die in die Mundregion übertragenen fremden Hautstücke fügen sich ein und bilden Mundorgane aus. Allerdings bildet Froschhaut in der Mundregion eines Molches Mundorgane eines Frosches aus, das heißt Hornkiefer, Hornstiftchen und einen Saugnapf.
b) Das implantierte Gewebe ist noch nicht determiniert und verhält sich dementsprechend „ortsgemäß", das heißt im Bereich des Wirtsgewebes bilden sich Mundorgane aus.
Da das Gewebestück jedoch nur die Information für die Ausbildung froschtypischer Mundorgane enthält, kann es in einem Molchkeim keine molchtypischen Mundorgane ausbilden, sondern nur froschtypische.
Das Gewebestück entwickelt sich also „artgemäß".

4 Artfremde Induktion
a) Ein Nierenstück einer adulten Maus wird in einen Amphibienkeim implantiert und induziert dort die Bildung eines sekundären Achsensystems.
b) Die induzierende Wirkung eines Organisator genannten Gewebebereichs geht nicht verloren, wenn das entsprechende Lebewesen (der Spender) in den adulten Zustand übergeht oder gar einer anderen Art angehört.

5 Zellwanderung
a) Zellen der über dem Neuralrohr liegenden Neuralleiste wandern in verschiedene Bereiche des Embryos und bilden unter anderem Spinalganglien.
b) Gewebe bilden sich durch Teilung einer oder mehrerer Ausgangszellen. Die Abbildung weist auf die Möglichkeit der Gewebebildung durch Zellwanderung hin.

6 Transposons
a) Transposons sind DNA-Abschnitte, die von einer Position des Genoms zu einer anderen bewegt werden können.
b) Das Transposon wird in einen Abschnitt der DNA eingebracht, der für ein Merkmal (hier die Blütenfarbe) codiert. Das betroffene Gen wird unterbrochen und kann folglich nicht mehr wie vorgesehen exprimiert werden.

7 Transdifferenzierung
a) Zellen des Nebennierenmarks sezernieren Adrenalin. Bringt man sie in ein Medium ohne Glucocorticoide und setzt diesem Medium einen Nervenwachstumsfaktor zu, so differenzieren die Nebennierenzellen zu Neuronen des Sympathikus und sezernieren Noradrenalin. Es handelt sich hier um eine Transdifferenzierung.
b) Man spricht von Transdifferenzierung, wenn differenzierte Zellen sich in einen anderen Zelltyp umwandeln.

8 Determination
Es geht hier um WEISMANNs Theorie der Determination. Danach befinden sich im Zellkern Faktoren oder Determinanten, die das Schicksal der Zellen vorbestimmen. Diese Determinanten werden bei der ersten Furchungsteilung und bei nachfolgenden Furchungsteilungen ungleich auf die Tochterzellen verteilt und steuern dann deren zukünftige Entwicklung. Das Schicksal jeder Zelle wird danach bereits im Ei durch die Faktoren vorherbestimmt. Letztlich geht es hier um das Mosaikmodell.

9 Ausschlagen

a) An einem Baumstumpf sind neue Sprosse entstanden. Diese Sprosse sind aus ruhenden Anlagen (Knospen) in der Rinde hervorgegangen. Diese Form der Regeneration durch Entfaltung vorhandener Organanlagen findet man zum Beispiel bei Eichen.

b)

Bei Buchen und anderen Pflanzen werden die Sprosse neu gebildet. Undifferenziertes Gewebe wie das Kambium bringt zunächst einen Wundkallus hervor, aus dem sich dann das Regenerat differenziert. Bei einem Buchenstumpf entspringen die kreisförmig angeordneten Sprosse dem Kambiumring.

10 Amputation

a) Eine normale Extremität wird amputiert. Sie regeneriert sich. Einer anderen Extremität wird vor der Amputation der Nerv entnommen. Sie regeneriert nicht.

b) Ohne Versorgung durch Nerven ist eine Regeneration nicht möglich. Es könnte sein, dass die Nerven einen essentiellen Wachstumsfaktor herstellen.

11 Regeneration bei Hydra

A: Ein Stück Hypostomfragment (Fragment aus dem Bereich kurz unterhalb der Mundöffnung) wird in den Mittelbereich einer intakten Hydra transplantiert. Es ist kein Ergebnis zu beobachten.
B: Der Versuch A wird wiederholt, nachdem zuvor der Kopf des Empfängers entfernt worden ist. Im Transplantationsbereich wird eine sekundäre Achse induziert.
C: Der Versuch A wird wiederholt, allerdings wird das Hypostomfragment in die Fußregion übertragen. Dort wird jetzt eine sekundäre Achse induziert.
Offensichtlich induzieren übertragene Hypostomfragmente die Ausbildung einer sekundären Achse (B, C). Deren Bildung wird allerdings durch die Hypostomregion des Empfängertieres gehemmt (A). Diese Hemmwirkung ist um so geringer, je weiter entfernt die Stelle der Implantation vom Hypostom ist.

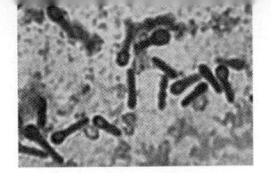

Immunbiologie

1 Unspezifische Immunabwehr

Seite 205

1. Durch die Verletzung können Schmutzpartikel in die Haut gelangen. Mit diesen dringen auch Krankheitserreger wie Bakterien ein. Die umliegenden Gewebszellen werden gereizt, worauf diese Signalstoffe wie Histamin abgeben. Im Umfeld der Verletzung erweitern sich nun die Kapillaren und die Wände der Blutgefäße werden durchlässiger. Lymphflüssigkeit sammelt sich in den Gewebszwischenräumen. Diese Vorgänge führen zu den typischen Erkennungszeichen einer Entzündung, nämlich Rötung, Wärmeentwicklung, Schmerz und Schwellung. Durch die Signalstoffe werden bestimmte weiße Blutzellen, die Makrophagen, angelockt. Diese zerstören phagocytisch die Bakterien und bauen die Zelltrümmer der geschädigten Gewebszellen ab. Dieses zelluläre, unspezifische Abwehrsystem des Körpers wird durch das Komplementsystem ergänzt. Hier werden enzymatisch wirkende Komplement-Proteine, die in Form inaktiver Vorstufen im Blutplasma gelöst sind, durch Stoffe in der Bakterienmembran aktiviert. Die Enzymwirkung verstärkt sich zu einer Reaktionskaskade, wobei sich schließlich fünf der Proteine zu einem Komplex zusammenlagern, der die Bakterienmembran angreift und durchlöchert.
2. Die Haut grenzt den Körper zur Außenwelt hin ab. Sie kann in intaktem Zustand weder von Bakterien noch von Viren durchdrungen werden, weshalb man von einer Infektionsbarriere spricht. Neben der mechanischen Schutzfunktion hemmen auch die Sekrete der Schweiß- und Talgdrüsen das Eindringen vieler Mikroorganismen. Auch die Schleimhäute, die zum Beispiel Mundhöhle, Verdauungstrakt oder Atemwege auskleiden, verhindern den Durchtritt von Krankheitserregern; im Schleim sind bakterizide Proteine enthalten.

2 Spezifische Immunabwehr

Seite 207

1. Durch den Kontakt mit den Epitopen wird die Produktion von Antikörpern bewirkt, deren Struktur nach dem Schlüssel-Schloss-Prinzip zur Struktur der Epitope passt. Wenn auf der Zellmembran eines Krankheitserregers mehrere Epitope die Bildung von Antikörpern auslösen, bedeutet dies eine vielfach verstärkte Abwehrreaktion.

Seite 208

1. Die beiden H-Ketten und die beiden L-Ketten eines Antikörpers werden aus den Produkten mehrerer Gen-Bereiche (Exons) zusammengesetzt. Man unterscheidet das Exon für die konstante Region der Ketten von den Exons für die variablen Regionen. Letztere setzen sich aus Gen-Bereichen mit Teilen der zum Aufbau der variablen Regionen notwendigen Information zusammen. In den L-Ketten rechnet man mit etwa 250 Exons in der V-Gruppe und 4 Exons in der J-Gruppe. In der H-Kette rechnet man mit 1000 V-Exons, 15 D-Exons und 4 J-Exons. Jeder reifende B-Lymphocyt erzeugt nur eine bestimmte Art eines Antikörpers. Bei der Reifung des Lymphocyten werden nämlich DNA-Stücke herausgeschnitten (zwischen V- und J-Gruppe für die L-Kette beziehungsweise zwischen V- und D-Gruppe sowie zwischen D- und J-Gruppe bei der H-Kette). Die Enden der DNAs, die an die herausgeschnittenen Stücke anschließen, werden zusammengeknüpft. Dabei ist es vom Zufall abhängig, welches V-Exon der L-Kette mit welchem J-Exon beziehungsweise welches V-Exon der H-Kette mit welchem D-Exon und welchem J-Exon verknüpft wird. Die gekürzten DNA-Abschnitte bilden nun die Grundlage für die Transkription. Außerdem werden L- und H-Ketten unabhängig voneinander gebildet und lagern sich nach dem Zufallsprinzip zusammen.
2. Im Genom einer Stammzelle ist die komplette Abfolge aller Exons der verschiedenen Exon-Gruppen vorhanden. Während der Reifung zur Plasmazelle wird die ursprüngliche DNA um bestimmte, aber in jedem B-Lymphocyten unterschiedliche, DNA-Anteile gekürzt.

Seite 209

1. Bei den B-Lymphocyten bestehen die Rezeptoren aus Antikörper-Molekülen, die innerhalb der B-Zellen synthetisiert werden und dann die Außenseite der Zellmembran besetzen. Jeder B-Lymphocyt hat nur eine Art von Rezeptoren auf seiner Oberfläche. Die Funktion der Rezeptoren ist es, Antigene zum Beispiel von Bakterienzellen an sich zu binden. Dazu ist es notwendig, dass die Struktur des Rezeptors so zu der Struktur des Antigens passt, dass eine Anlagerung stattfinden kann.

2. Das Immunsystem kann bei einer Infektion mit einem bestimmten Krankheitserreger nicht sofort voll aktiv werden. Die Zahl der möglichen Antigenstrukturen ist viel zu hoch. Stattdessen werden Milliarden von ruhenden B-Lymphocyten mit unterschiedlichen Antigenstrukturen bereitgehalten. Erfolgt dann bei einer Infektion ein Kontakt von Antigenen mit einzelnen B-Lymphocyten, deren Rezeptoren zu den Antigenstrukturen genau passen, werden die ausgewählten Lymphocyten aktiviert. Sie beginnen sich vielfach zu teilen und bilden jeweils einen erbgleichen Klon von Zellen. Auch ruhende T-Zellen mit spezifischen Rezeptoren werden beim Kontakt mit den Antigenen aktiviert und bilden ebenfalls Zellklone. Für die weitere Immunabwehr stehen nun große Mengen aktivierter B- und T-Zellen mit spezifischen Rezeptoren zur Verfügung.

Seite 210

1. Alle Körperzellen bauen in ihre Zellmembran Bruchstücke von Proteinmolekülen ein, die sie in der Proteinbiosynthese bilden. Wenn Viren in Körperzellen eingedrungen sind, bilden die Körperzellen auf Anweisung der Viren-DNA auch Virenproteine. Bruchstücke dieser Proteine werden in die Zellmembran eingebaut und nach außen hin „präsentiert". An die Virenproteine lagern sich cytotoxische T-Zellen mit passenden Rezeptoren an. Daraufhin setzen die T_C-Zellen das Protein Perforin frei. Dieses durchlöchert die Zellmembran der infizierten Körperzelle, wodurch diese zerstört wird.

2. In aktivierten Plasmazellen werden große Mengen an Antikörpern gebildet. Die Synthese dieser Eiweißstoffe erfolgt an den Ribosomen des rauen endoplasmatischen Retikulums (ER). Daher sind in Zellen mit sehr hoher Proteinbiosynthese die Falten der ER-Membranen besonders stark ausgeprägt und die Menge der gebildeten m-RNA ist besonders groß.

3. Die T-Helferzellen geben nach ihrer Aktivierung Cytokine ab. Diese Proteine bewirken die Umwandlung aktivierter B- und T-Zellen in die Zellen der humoralen und zellulären Immunantwort.

4. Interferon gehört zu den Cytokinen. Diese Stoffe fördern die Aktivität anderer Zellen des Immunsystems und verstärken dadurch die Abwehrreaktionen. Beispielsweise verstärkt Interferon die Phagocytose von Tumorzellen durch Makrophagen oder bei Immunschwäche die Aktivierung von B- und T-Zellen.

5. Die Aktivierung von T-Helferzellen erfolgt durch Anlagerung an Makrophagen, die passende Antigenstrukturen präsentieren. Freie Antigene können nicht an die Rezeptoren der T-Helferzellen gebunden werden.

6. Als Proliferation bezeichnet man die fortgesetzten Zellteilungen aktivierter B- und T-Lymphocyten, die schließlich zu Zellklonen führen. Durch diesen Mechanismus werden ausgewählte Zellen mit den spezifischen Rezeptoren so vervielfacht, dass eine effektive Immunabwehr möglich wird. Durch die Differenzierung der reifen Lymphocyten entstehen Populationen von B- und T-Lymphocyten mit speziellen Aufgaben in der Immunabwehr wie zum Beispiel Plasmazellen, cytotoxische T-Zellen und T-Helferzellen.

Seite 213

1. Unter MHC-Komplex versteht man eine Gruppe von Genen, die den Proteinanteil der MHC-Proteine, bestimmter Membranglykoproteide, codieren. Diese Membranbestandteile präsentieren Antigene auf Makrophagen und anderen Körperzellen.

2. Die MHC-I-Moleküle bestehen aus drei Molekülregionen. Eine Region befindet sich außerhalb der Zellmembran. Sie besteht aus drei Proteinabschnitten mit jeweils etwa 90 Aminosäuren. Dazu kommen ein oder zwei Seitenketten aus Kohlenhydraten. Die extrazelluläre Region bildet eine Spalte, in die ein kurzes Peptid mit etwa neun Aminosäuren hineinpasst. Eine zweite Region ist die Transmembranregion, die der Verankerung des Moleküls in der Zellmembran dient. Sie besteht aus etwa 40 Aminosäuren. Die dritte Region wird als cytoplasmatische Region bezeichnet. Sie besteht aus etwa 30 Aminosäuren und ragt in das Zellplasma hinein. Ein MHC-II-Molekül besteht ebenfalls aus einer extrazellulären Region, einer Transmembranregion und einer intrazellulären Region. Die extrazelluläre Region besteht jedoch aus zwei Proteinmolekülen, die eine Grube für größere Peptide bilden.
Die MHC-I-Moleküle findet man in der Zellmembran fast aller Körperzellen. In der Grube werden Bruchstücke von Proteinen, die die Zelle selbst gebildet hat, präsentiert. Diese endogenen Antigene werden von cytotoxischen T-Zellen kontrolliert. Werden die Spaltprodukte als „körpereigen" identifiziert, passiert nichts. Wenn die Proteinbruchstücke jedoch als „körperfremd" oder „körper-

schädlich" erkannt werden, werden diese Zellen zerstört. Die MHC-II-Moleküle sind nur auf Makrophagen und B-Zellen zu finden. Diese Zellen präsentieren Bruchstücke körperfremder Proteine. Hier können sich T-Helferzellen anlagern, deren T-Zell-Rezeptor mit dem präsentierten Antigen nach dem Schlüssel-Schloss-Prinzip zusammenpasst. Diese Helferzelle wird nun aktiviert, schüttet Cytokine aus und leitet die weitere Immunabwehr ein.

3. Die MHC-I-Moleküle präsentieren auf der Außenseite der Zellmembran Bruchstücke von Proteinen, die zuerst im Cytoplasma gebildet und dann in einzelne Peptide zerlegt wurden. Einzelne dieser Bruchstücke lagern sich, entsprechend ihrer Bindungsmöglichkeiten, in die Taschen an den MHC-I-Molekülen an und werden durch die Membran auf die Außenseite transportiert.

Seite 214

1. Das abgebildete Experiment erstreckt sich über etwa zwei Wochen. Zuerst wird einer Maus, die noch nicht für derartige Versuche verwendet wurde („unbehandelte Maus"), eine Antigen-Lösung (zum Beispiel bestimmte Proteine oder harmlose Krankheitserreger) eingespritzt. Die Maus reagiert mit der Bildung von Antikörpern gegen das Antigen. Die Antikörper lassen sich im Blutserum der Maus nachweisen *(Primärantwort)*.
Dann wird der Maus etwas Blut entnommen. Die Lymphocyten werden abgetrennt und nun einer anderen unbehandelten Maus eingespritzt. Injiziert man dieser Maus nach einigen Minuten eine Antigen-Lösung derselben Art wie am Anfang des Versuchs, stellt man fest, dass die zweite Maus innerhalb nur weniger Tage wesentlich schneller und in größerer Menge Antikörper bildet *(Sekundärantwort)*.
In der ersten Maus entstanden in Folge des Erstkontaktes mit dem Antigen Plasmazellen, die vorwiegend IgM-Antikörper bildeten. Bei der Übertragung der Lymphocyten auf die zweite Maus wurden auch B-Gedächtniszellen übertragen. Dies sind langlebige, inaktive B-Lymphocyten, die bei dem späteren Kontakt mit dem gleichen Antigen die wesentlich wirksameren IgG-Antikörper bildeten.

2. Bei der Primärantwort werden zusammen mit den relativ kurzlebigen Plasmazellen und cytotoxischen T-Zellen auch die relativ langlebigen B- und T-Gedächtniszellen gebildet. Sie entstehen während der klonalen Selektion der Lymphocyten. Da sie sich von ruhenden B- und T-Lymphocyten ableiten, die durch den Kontakt mit einem spezifischen Antigen aktiviert wurden, besitzen sie Rezeptoren, deren Struktur zur Antigenstruktur passt. Während der Primärantwort sind sie aber inaktiv. Erst bei einem späteren Kontakt, zum Beispiel einer erneuten Infektion mit einem bestimmten Krankheitserreger, werden sie aktiv. Sie vermehren sich dann rasch und differenzieren sich dann zu neuen Zellklonen von Plasmazellen beziehungsweise cytotoxischen T-Zellen. Dieser Mechanismus ist die Grundlage der Immunität gegenüber bestimmten Krankheiten, die in manchen Fällen lebenslang anhalten kann.

Seite 215

1. In manchen alten Sagen und Legenden sind Erfahrungen verarbeitet, die früher von den Menschen nicht erklärt werden konnten. Allergische Reaktionen bei Kontakt mit bestimmten, an sich harmlosen Stoffen aus der Umwelt wurden früher oft als Zauberei oder Verhexung aufgefasst. Es erscheint naheliegend, auch diesen Abschnitt aus der Herakles-Sage (lat.: Herkules) so aufzufassen. Aus heutiger Sicht sind Hinweise auf eine Kontaktallergie zu finden, die sich in einer heftigen Hautreaktion (Schmerzen, Rötung, „Brennen wie Feuer"), ausgelöst durch den Kontakt mit einem harmlosen Stoff, äußert.
Zusatzinformation: Das Gewand, welches schließlich zum Tod des Herakles führte, wurde von Deianeira gewebt. Auf einer Reise, die Herakles gemeinsam mit Deianeira unternahm, wurden sie von dem Kentauren Nessos in einem Boot über einen Fluss gesetzt. Dabei versuchte Nessos die junge Frau zu vergewaltigen. Herakles tötete den Kentauren. Bevor Nessos starb, gab er Deianeira den Rat, ein Stück Stoff in sein Blut zu tauchen, aus dem Stoff ein Gewand zu machen und dieses Herakles anzulegen, wenn er sie einmal nicht mehr lieben würde.
Über den Tod des Herakles berichtet die Sage, dass der Held seinem Vater Zeus nach einem siegreichen Kampf einen neuen Altar errichten wollte. Deianeira zweifelte inzwischen an seiner Liebe und schickte ihm das mit dem Blut des Nessos getränkte Gewand. Herakles legte das Gewand an. Das Gewebe erzeugte auf der Haut so unerträgliche Schmerzen, dass Herakles schließlich selbst einen Scheiterhaufen errichtete und sich darauf verbrennen ließ. Im Tode wurde der Held in den Himmel erhoben.

Seite 216

1. Ein Fetus ist genetisch nicht identisch mit der Mutter. Die Zellen des Fetus präsentieren auf ihren Zellmembranen sowohl fremde MHC-Proteine als auch körperfremde Antigene. Die T-Lymphocyten der Mutter würden deshalb eine Abstoßung des Fetus einleiten. In dieser Hinsicht ist eine Schwangerschaft mit einer Transplantation vergleichbar. Jedoch werden durch Hormone in der Uterus-

schleimhaut diese Immunreaktionen unterdrückt. Deshalb wirken diese Hormone wie Immunsuppressiva, das heißt, wie Medikamente, die unerwünschte Immunreaktionen unterdrücken.
2. Ein Nachteil von Immunsuppressiva ist, dass sie das Immunsystem schwächen. Dadurch wird die Wirkung der cytotoxischen T-Zellen eingeschränkt, die mit ihren Rezeptoren Tumorzellen erkennen und anschließend zerstören. Durch Reduktion der immunsuppressiven Therapie können cytotoxische T-Zellen diese Funktion wieder verstärkt übernehmen.
3. Die T-Lymphocyten des Empfängers erkennen die fremden MHC-Proteine mit den präsentierten Antigenen des Spenders auf den Zelloberflächen des Transplantats. Daraufhin leiten cytotoxische T-Zellen des Empfängers eine Entzündungsreaktion ein. Es werden Fresszellen angelockt, die eine Abstoßung des Transplantats bewirken.

Seite 217

1. Unter Schutzimpfung versteht man eine aktive Immunisierung. Ihr Prinzip beruht darauf, dass das Immunsystem durch den Impfstoff angeregt wird, Gedächtniszellen gegen einen Erreger zu bilden, sodass bei einer wirklichen Infektion die effektive Sekundärantwort erfolgen kann.
Bei einem Schlangenbiss gelangt Gift in den Körper, das sofort unschädlich gemacht werden muss. Es würde viel zu lange dauern, bis die Immunantwort wirksam wird. Außerdem müsste für eine vorbeugende Impfung gegen Schlangengift dem Menschen das Gift selbst injiziert werden. Auch wenn das Gift in abgeschwächter Form verwendet wird, sind die Wirkungen nicht kalkulierbar. Es ist wesentlich wirksamer und auch billiger, ein Serum mit Antikörpern zu verwenden, das im akuten Fall eingesetzt wird.

Seite 218

1. Die Verteilung der HI-Viren auf Makrophagen und T-Helferzellen ist bei den einzelnen Patienten sehr unterschiedlich. Werden die T-Helferzellen schnell befallen, nimmt deren Zahl rasch ab und es kommt sehr schnell zur Ausprägung des AIDS-Vollbildes. Bleiben dagegen die Viren zum großen Teil in den Makrophagen, ist die Zahl der T-Helferzellen noch längere Zeit so hoch, dass das Vollbild nicht ausgeprägt wird.

Seite 219

AUFGABEN: Immunbiologie

1 Das BRUTON-Syndrom
a) Es handelt sich hier um einen genetisch bedingten Antikörpermangel. Das alleinige Auftreten bei Jungen deutet auf eine X-chromosomal-rezessive Erbkrankheit hin. Bei Mädchen, deren eines X-Chromosom durch den Gendefekt betroffen ist, wird durch das homologe Gen auf dem anderen X-Chromosom der genetische Defekt nicht manifest. Homozygotie dieses Gendefekts wirkt offensichtlich letal.
b) Der Gendefekt betrifft im Wesentlichen die humorale Immunantwort, die auf der Produktion von IgG-Antikörpern durch Plasmazellen beruht. Die humorale Immunantwort ist vor allem gegen Bakterien gerichtet.
Dagegen wird die zelluläre Immunantwort, also die Abwehr vireninfizierter Körperzellen mittels cytotoxischer T-Zellen, durch diesen Gendefekt nur wenig beeinträchtigt. Deshalb sind diese Kinder gegenüber Vireninfektionen nicht gesteigert anfällig.
c) Die aus dem Blut der Mutter stammenden IgG-Antikörper übertragen eine passive Immunität gegenüber vielen Infektionskrankheiten von der Mutter auf den Fetus. Erst wenn diese Antikörper abgebaut sind, muss das eigene Immunsystem des Kindes die Schutzaufgaben übernehmen. Jetzt macht sich der Gendefekt bemerkbar.

2 Immunabwehr
a) 1 Bakterium
2 Antigen
3 B-Zell-Rezeptor
4 B-Lymphocyt
5 MHC-II-Molekül
6 Antigen-Präsentation auf dem MHC
7 T-Helferzelle
8 T-Zell-Rezeptor
9 Ausschüttung von Cytokinen
10 Aktivierung der Umwandlung aus ruhender B-Zelle in Plasmazelle
11 Plasmazelle
b) Die Abbildung zeigt schematisch einen Teil der humoralen Immunabwehr.
Vorher: Der B-Lymphocyt präsentiert Bakterien-Antigene. Demnach haben bereits Aktivierung und Proliferation stattgefunden. Ebenfalls vorausgegangen ist die Aktivierung der T-Helferzellen durch das Antigen. Diese Aktivierung erfolgt durch Kontakt einer inaktiven T-Helferzelle mit einem Makrophagen, der auf seiner Zellmembran das Antigen präsentiert.

Nachher: Die Plasmazelle produziert große Mengen an Antikörpern mit der gleichen Struktur wie die B-Zell-Rezeptoren auf ihrer Oberfläche (Ziffer 3 in der Abbildung, bei Plasmazelle nicht gezeichnet). Diese Antikörper werden nach ihrer Synthese durch die Zellmembran nach außen abgegeben und binden Antigene, die sich im Blut oder in der Lymphe befinden. Beispielsweise können Bakterien mit derartigen Antigenen auf ihrer Zelloberfläche von den Antikörpern besetzt und verklumpt werden.

c) In der Abbildung werden schematisch die MHC-II-Moleküle gezeigt, auf denen Antigenbruchstücke präsentiert werden. Es wird jedoch nicht gezeigt, dass die T-Helferzelle mit ihrem T-Zell-Rezeptor durch die Anlagerung an das Antigenbruchstück und das MHC-II-Molekül aktiviert wird.

3 Immunreaktion bei Wirbellosen

a) Das Zusammenfinden der Zellen A sowie der Zellen B zeigt, dass sich die Zellen aufgrund bestimmter Oberflächen-Marker erkennen. Es werden Zellen des anderen Individuums nicht in den Zellverbund eingebaut. Die körpereigenen Zellen werden jedoch zum Aufbau eines neuen Organismus herangezogen.

b) Mit dem beschriebenen Experiment kann nur gezeigt werden, dass die Zellen der Schwämme A und B zwischen „Selbst" und „Fremd" unterscheiden können. Die Unterscheidung kann mit einer spezifischen Immunreaktion, nämlich der Einleitung einer Abstoßung eines Transplantats bei Gewebeunverträglichkeit, verglichen werden. Jedoch haben Schwämme keine Lymphocyten. Damit muss die Erkennung der „fremden" Zellen nach einem anderen Mechanismus ablaufen als bei den Wirbeltieren.

Ökologie

1 Lebewesen und ihre Umwelt

Seite 223

1. Bei endothermen Tieren kann eine Überhitzung des Körpers durch morphologische Angepasstheit an warmes Klima verhindert werden: durch eine im Vergleich zum Körpervolumen große Körperoberfläche und durch große Körperanhänge (zum Beispiel große Ohren), über die Wärme schneller abgegeben werden kann. Eine physiologische Angepasstheit ist das Schwitzen bei Menschen. Durch eine Angepasstheit des Verhaltens, das Hecheln, geben zum Beispiel Hunde Wärme ab und verhindern somit Überhitzung.

Seite 225

1. Durch die fehlende Sonneneinstrahlung sind auch in warmen Klimaregionen die Nachttemperaturen oft deutlich geringer als die Tagestemperaturen. Kühlere Luft kann weniger Feuchtigkeit aufnehmen als warme Luft. Bei geöffneten Spaltöffnungen ist daher die Wasserabgabe nachts wesentlich geringer als am Tag. Pro Einheit aufgenommenen Kohlenstoffs gibt die Pflanze somit weniger Wasser ab. Für das Wachstum der Pflanze ist dies vor allem in Trockengebieten von Bedeutung, wo die Wasserverfügbarkeit meist der wachstumsbegrenzende Faktor ist.

Seite 226

EXKURS: Hohenheimer Grundwasserversuch

1. Grünlandpflanzen, die wie der Enzian in stickstoffarmen Magerrasen vorkommen, sind an die Mineralstoffarmut ihres Standorts angepasst. Sie produzieren meist auch nur eine geringe Biomasse und weisen geringe Wachstumsraten auf. Pflanzen mit höheren Wachstumsraten, die auf die Verfügbarkeit größerer Stickstoffmengen angewiesen sind, können auf den stickstoffarmen Magerrasen nicht gedeihen. Sie kommen in Grünland mit größeren Mengen an verfügbarem Stickstoff vor, wo sie relativ große Mengen an Biomasse produzieren. Die an stickstoffarme Standorte angepassten Pflanzen könnten auch an Standorten mit größerer Stickstoffverfügbarkeit gedeihen, doch sind sie an diesen Standorten den Pflanzen mit hohen Wachstumsraten und hoher Biomasseproduktion im Wachstum unterlegen.

2. Die Pflanzenarten, die sich nach Düngung auf Magerrasen einfinden, sind oft Pflanzen, die normalerweise an Standorten mit relativ hoher Stickstoffverfügbarkeit vorkommen und hohe Wachstumsraten sowie eine hohe Biomasseproduktion aufweisen. Dadurch sind sie auf den gedüngten Magerrasen den an stickstoffarme Standorte angepassten Pflanzen wie dem Enzian überlegen. Die an stickstoffarme Standorte angepassten Arten werden schließlich überwachsen und verschwinden von der gedüngten Grünfläche.

Seite 229

1. Freiwillige Versuchspersonen könnten mehrere Tage bis Wochen ohne Tageslicht, zum Beispiel in einer unterirdischen Wohnanlage, und ohne Informationen über die aktuelle Tageszeit leben (kein Radio und Fernseher, keine Uhren, keine Zeitungen, kein Internetanschluss). Die Dauer des Wachseins sowie der Zeitpunkt des Einschlafens und die Schlafdauer der Personen würden überwacht werden, wobei die Versuchspersonen die Beleuchtung der Räume selbst steuern könnten. Es würde registriert werden, ob der Wach- und Schlafrhythmus der Personen mit dem Tageszeitenrhythmus übereinstimmt.
Vor einigen Jahrzehnten wurde ein derartiger Versuch tatsächlich durchgeführt. Man stellte fest, dass der Wach-Schlaf-Rhythmus der Versuchspersonen in den ersten Tagen sehr genau dem Tag-Nacht-Rhythmus außerhalb der Versuchsanlage entsprach, dass aber die Abweichungen mit Fortdauer des Versuchs immer größer wurden. Offenbar wird das Tageslicht als Taktgeber für den Wach-Schlaf-Rhythmus benötigt.
Heutzutage wäre es sehr viel schwieriger, die Erlaubnis für einen derartigen Versuch zu bekommen, da ethische Überlegungen bei der Durchführung wissenschaftlicher Experimente inzwischen stärker berücksichtigt werden.

Seite 230 bis 231

PRAKTIKUM: Abiotische Faktoren

1 Austrocknung und Wasseraufnahme einer wechselfeuchten Pflanze

a), b), c) Nach der Austrocknung wird das Moos bei Wiederbewässerung innerhalb einiger Minuten so viel Wasser aufnehmen, dass sich seine Frischmasse deutlich erhöht und sich der Ausgangsmasse nähert. Die schnelle Wasseraufnahme wird durch die Wandporen der Wasserzellen (Hyalinzellen) erleichtert. Die Chlorophyllzellen des Mooses, die keine Vakuolen enthalten und ein relativ geringes Volumen besitzen, vertragen einen recht starken Wasserentzug.

d) Im Gegensatz zum Moos sind die meisten Samenpflanzen nach starker Austrocknung nicht in der Lage, über die Blätter schnell Wasser aufzunehmen und die Stoffwechselvorgänge wieder anlaufen zu lassen. Ihnen fehlen Hyalinzellen, und die Mesophyllzellen werden durch starken Wasserentzug irreversibel geschädigt. Andererseits sind sie durch spezialisierte Gewebe, welche die Verdunstung herabsetzen (Epidermis mit Cuticula, korkhaltiges Abschlussgewebe), auch besser vor Wasserverlust geschützt als Moose.

2 Temperatur und Keimung

a), b), c) Es ist zu erwarten, dass die Sprosse der unter Raumtemperatur angezogenen Maiskeimlinge schneller wachsen (höherer Mittelwert der Sprosslänge zu einem bestimmten Zeitpunkt des Versuchs, eine bestimmte Sprosslänge wird zu einem früheren Zeitpunkt des Versuchs erreicht) als die Sprosse der im Kühlschrank angezogenen Keimlinge. Die Ursache hierfür ist, dass die Stoffwechselreaktionen der Keimlinge, also auch die für das Wachstum verantwortlichen Reaktionen wie die Fotosynthese, bei Raumtemperatur schneller ablaufen als unter kühleren Bedingungen. Die Raumtemperatur befindet sich auf der Temperaturskala zwischen Minimum und Maximum pflanzlicher Wachstumsreaktionen näher am Optimum des pflanzlichen Wachstums als die kühlen Temperaturen.

3 Erfassung von Frostschäden durch Vitalfärbung

a), b) Die Knospenhälften der bei Zimmertemperatur aufbewahrten Zweige werden eine deutliche Rotfärbung und somit funktionierende Stoffwechselprozesse aufweisen: Die Zweige sind vital. Die Knospen von Zweigen, die im Frühjahr oder Spätsommer geerntet und anschließend im Tiefkühlfach aufbewahrt wurden, werden höchstens eine schwache, wahrscheinlich aber gar keine Rotfärbung zeigen: Sie wurden durch den Frost größtenteils oder vollständig abgetötet. Die Knospen von Zweigen, die im Herbst geerntet und anschließend der Frostbehandlung unterworfen wurden, werden durch erkennbare Rotfärbung Vitalität anzeigen: Durch eine jahreszeitlich bedingte Abhärtung des Gewebes, die durch abnehmende Tageslänge und sinkende Temperaturen ausgelöst wird, sind die Knospen bis zu einem gewissen Grad frosthart. Das Ausmaß der Frosthärte hängt stark von dem Temperaturverlauf vor dem Erntezeitpunkt ab.

c) Es ist zu erwarten, dass nach der Ernte im Herbst die Knospen der Nadelbäume nach Frostbehandlung eine intensivere Rotfärbung aufweisen als vergleichbar behandelte Knospen von Laubbäumen, da Nadelbäume in der Regel eine größere Frosthärte erreichen als Laubbäume.

d) Die Knospen von im Winter geernteten Zweigen sind in der Regel in Folge eines Abhärtungsprozesses in recht starkem Ausmaß frosthart und werden somit durch milden bis mäßigen Frost nicht geschädigt. Die Rotfärbung ist ein Zeichen von Vitalität.

4 Säuregrad des Bodens und Reaktionszahlen von Pflanzen

a) Die pH-Werte von Kalkböden werden deutlich höher liegen (bei sehr flachgründigen Böden deutlich oberhalb von 6,0, bei etwas mächtigeren Böden oberhalb von 5,5) als die pH-Werte von Böden auf Buntsandstein (deutlich unterhalb von 5,0). Ausnahmen können auf tiefgründigen, relativ nährstoffreichen Buntsandstein-Böden in Tallagen oder am Hangfuß vorkommen (pH-Werte zwischen 5,0 und 5,5).

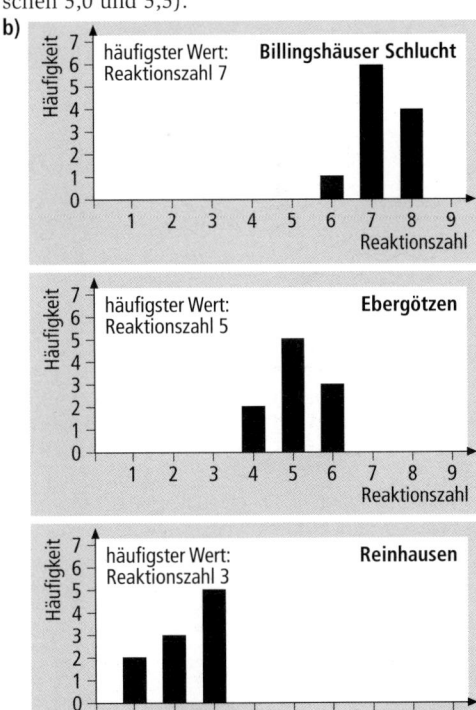

b)

In der Billingshäuser Schlucht wurden nur Pflanzen gefunden, die auf einen recht hohen Kalkgehalt im Boden hinweisen und selten bis nie an stark sauren Standorten vorkommen. Die bei Ebergötzen gefundenen Pflanzen deuten auf einen mäßigen Säuregehalt des Bodens hin; sowohl auf stark sauren als auch auf neutralen bis alkalischen Böden sind diese Arten nicht zu finden. Die bei Reinhausen aufgenommenen Pflanzenarten sind ausgesprochene Säurezeiger, die kaum oder nie auf neutralen Böden wachsen.

c) Wie die Abbildung vermuten lässt, haben die Verfügbarkeit von Nährstoffen und der Säuregrad des Bodens einen großen Einfluss auf das Vorkommen von Pflanzenarten. Im stark sauren Bereich wirken hohe Säurekonzentrationen (Konzentrationen an H^+-Ionen) toxisch (dies allerdings erst in pH-Bereichen, die in Böden von Landökosystemen nur selten vorkommen); im stärker sauren Bereich erreichen auch Eisen- und Mangan-Ionen Konzentrationen, die für viele Pflanzen giftig sind. Die Verfügbarkeit der Elemente Calcium, Kalium, Magnesium und Phosphor sowie die Nachlieferung von Stickstoff ist dort ebenfalls gering. Auch im basischen pH-Bereich nimmt die Nachlieferung beziehungsweise die Verfügbarkeit dieser Elemente wieder ab. Zudem tritt Mangel an Eisen und Mangan auf, die bei diesen pH-Werten in höherwertigen, schwer löslichen und somit schwer pflanzenverfügbaren Formen vorliegen. Der pH-Wert des Bodens hat also einen entscheidenden Einfluss auf die Nachlieferung und Verfügbarkeit der für die Pflanzenernährung wichtigen Elemente.

d) Um auf stark sauren Böden wachsen zu können, müssen Pflanzen erhöhte Säurekonzentrationen sowie erhöhte Konzentrationen an Eisen und Mangan im Boden ertragen können. Sie müssen außerdem an relativ geringe Raten der Stickstoff-Nachlieferung und an eine geringe Verfügbarkeit von Calcium, Kalium, Magnesium und Phosphor angepasst sein. Im basischen pH-Bereich müssen sie vor allem mit geringen Konzentrationen an Eisen und Mangan auskommen. An eine geringe Verfügbarkeit von Elementen, die Pflanzen zum Wachstum brauchen, können sie auf zweierlei Weise angepasst sein: Ihr Bedarf an diesen Elementen ist niedrig, wodurch sie in der Lage sind, auch bei geringer Verfügbarkeit dieser Elemente relativ hohe Wachstumsraten zu erreichen, oder sie besitzen ein besonders effektives Aufnahmevermögen für diese Elemente.

e) Bei einem pH-Wert von etwa 5 sind die Elemente, welche die Pflanzen für ihr Wachstum benötigen, in ausreichendem Maße im Boden verfügbar, und der Säuregrad des Bodens befindet sich weit unterhalb des toxischen Bereichs. Auf diesen Böden wachsen die meisten Pflanzen daher besonders gut. Daher wurden solche Böden bevorzugt für die Landwirtschaft genutzt und die Wälder, die vorher dort vorkamen, gerodet. Deshalb findet man auf diesen Böden heute kaum Wälder, sondern überwiegend landwirtschaftliche Nutzflächen.

2 Beziehungen zwischen den Lebewesen

–

3 Populationsökologie

Seite 240

1. Der zur Verfügung stehende Raum, Licht, die Verfügbarkeit von Wasser und Mineral- beziehungsweise Nährstoffen, die Temperatur und der Säuregrad des Bodens beziehungsweise des Wassers sind Umweltfaktoren, die das Populationswachstum begrenzen können. Weitere Faktoren sind Umweltgifte, die bereits bei Überschreiten einer relativ niedrigen Konzentration toxisch wirken (Blei, Cadmium, Quecksilber und andere).

Seite 243

1. Eine hohe Populationsdichte des Lärchenwicklers führt zu starkem Fraß an den Lärchennadeln. Die Lärchen reagieren darauf mit der Bildung von Nadeln, deren Nahrungswert für die Lärchenwickler herabgesetzt ist (höherer Faseranteil, hohe Harzkonzentration, geringer Stickstoffgehalt). Nimmt die Populationsdichte des Lärchenwicklers und somit der Fraßdruck ab, steigt die Nahrungsqualität der Lärchennadeln wieder (die Bildung von Fasern und Harz ist für den Baum energieaufwändig und für die Kohlenstoffdioxid-Assimilation nutzlos; ein verringerter Stickstoffgehalt von Blättern oder Nadeln hat in der Regel eine Verringerung der Fotosyntheserate zur Folge). In diesem Fall ist also die Nahrungsqualität von der Populationsdichte des Pflanzenfressers abhängig.

4 Ökosysteme

Seite 252

1. In einem Klima mit langen Wintern, in denen regelmäßig tiefer Frost auftritt, können Nadelbäume besser gedeihen als Laub abwerfende Bäume, da Nadelbäume mit ihren ganzjährig grünen Kronen eine längere Zeit des Jahres zur Fotosynthese nutzen können: Bei Erwärmung müssen sie im Gegensatz zu Laub abwerfenden Bäumen nicht erst neue Blätter bilden, und im Herbst können sie noch fotosynthetisch aktiv sein, wenn Laub abwerfende Bäume schon kahl sind. Die Nadeln der Nadelbäume sind zudem weniger empfindlich gegen Austrocknung und verlieren deshalb auch dann wenig Feuchtigkeit, wenn die Bäume im Winter aus dem gefrorenen Boden kein Wasser mehr aufnehmen können. Wälder in diesen Klimaregionen bestehen daher überwiegend aus Nadelbäumen. Die niedrigen Temperaturen und die schlechte Zersetzbarkeit der Nadelstreu führen dazu, dass sich am Waldboden meist eine recht dicke Schicht aus organischen Stoffen ansammelt. In Regionen mit weniger strengen Wintern und relativ hohen Jahresniederschlägen sind dagegen Laubbäume gegenüber Nadelbäumen im Vorteil, da ihre Blätter höhere Fotosyntheseraten aufweisen. Dieser Vorteil überwiegt den Nachteil, den sie durch das Abwerfen des Laubes im Herbst haben. Die Laubstreu ist besser zersetzbar als Nadelstreu, wodurch im Boden eine größere Menge an Mineralstoffen pro Zeiteinheit freigesetzt wird. Zu der schnelleren Zersetzung tragen auch die höheren Jahresmitteltemperaturen bei. Daraus ziehen die Pflanzen der Krautschicht ihren Nutzen, die hier vor allem im Frühjahr (vor dem Laubaustrieb der Bäume) und im Frühsommer eine dichte Vegetationsschicht bilden.
Die Pflanzen der Wälder in Regionen mit Mittelmeerklima müssen im Sommer ausgedehnte Trockenperioden mit hohen Temperaturen aushalten können. An diese Umweltbedingungen sind viele Baum- und Straucharten durch derbe Laubblätter angepasst, die wenig austrocknungsempfindlich sind. Sie werden in der kühlen Jahreszeit nicht abgeworfen und können somit die gesamte Zeiträume mit ausreichend hoher Temperatur und genügend Niederschlag für den Aufbau von Biomasse nutzen.
Die Klimaregionen, in denen tropische Regenwälder vorkommen, bieten mit ihren ganzjährig warmen Temperaturen und hohen Niederschlägen optimale Wachstumsbedingungen, die zu einer großen Vielfalt an Pflanzenarten geführt haben. Diese unterschiedlichen Pflanzenarten stellen Herbivoren sehr vielfältige Ressourcen und damit eine große Zahl ökologischer Nischen zur Verfügung. Daher ist auch die Zahl an Herbivorenarten in tropischen Regenwäldern groß. Die Vielfalt an Herbivorenarten ist wiederum die Lebensgrundlage für eine große Zahl von Carnivorenarten. Sehr günstige Temperatur- und Niederschlagsverhältnisse stellen in diesen Lebensräumen also die Voraussetzungen für ausgesprochen artenreiche und produktive Lebensgemeinschaften dar. In denjenigen tropischen Regionen dagegen, in denen regelmäßig Trockenperioden auftreten, sind Artenzahl und Produktivität deutlich geringer. Hier wachsen Bäume und Sträucher, die in den Trockenzeiten ihr Laub abwerfen.

5 Umweltbelastung – Umweltschutz

Seite 267

1. Das aufbereitete Abwasser gelangt in der Regel in Flüsse oder Seen. Nitrat- und Phosphationen enthalten mit Stickstoff und Phosphor diejenigen Elemente, die für die Produzenten in Flüssen und Seen am stärksten wachstumsbegrenzend sind. Gelangen größere Mengen dieser Elemente in Flüsse und Seen, kann es zur Eutrophierung kommen: Das Wachstum von im Wasser lebenden Pflanzen wird sehr stark angeregt, und wenn die Pflanzen oder Teile von ihnen absterben und von den Destruenten zersetzt werden, wird dabei ein großer Teil des Sauerstoffs im Gewässer aufgezehrt. Im Extremfall kann das Gewässer „umkippen": Dann ist der Sauerstoffverbrauch so groß, dass die meisten Pflanzen und Tiere absterben und nur noch sehr wenige, an anaerobe Verhältnisse angepasste Lebewesen überleben können. Mit dem Entfernen von Nitrat- und Phosphationen aus dem Abwasser verringert man somit die Gefahr der Eutrophierung und das Umkippen von Gewässern.

Seite 271

1. Ordnungsgemäße Land- und Forstwirtschaft sind oft nicht gleichbedeutend mit einer naturnahen Bewirtschaftung: Sie umfassen auch Monokulturen von landwirtschaftlichen Nutzpflanzen und Bäumen sowie den Einsatz von Düngemitteln und schließen die Verwendung von Pestiziden nicht aus. Durch diese Bewirtschaftungsmaßnahmen wird oft die Vielfalt der Pflanzen- und Tierarten verringert: Ohnehin seltene Arten finden auf diesen Flächen keinen Lebensraum mehr und sind dann vom Aussterben bedroht. Aus dem Rückgang von Lebensräumen für seltene und bedrohte Pflanzen- und Tierarten und dem Anspruch von Land- und Forstwirtschaft auf Gewinn bringende Erträge resultieren häufig Konflikte zwischen Natur- und Umweltschutz einerseits und Land- und Forstwirtschaft andererseits.

Seite 274 bis 277

AUFGABEN: Ökologie

1 Abiotische Faktoren Temperatur und Salzkonzentration

a) Das Optimum für das Überleben der Garnelenpopulation (alle Tiere bleiben über einen relativ langen Zeitraum am Leben) liegt bei Salzkonzentrationen zwischen 20 und 35 ‰ und bei Temperaturen zwischen etwa 10 °C und nahezu 30 °C. Der gesamte Toleranzbereich der Temperatur ist aus der Grafik nicht zu erkennen; die minimale und maximale Temperatur, bei denen die Garnelen noch überleben können, liegen außerhalb des dargestellten Bereichs. Auch für die Salzkonzentration kann der gesamte Toleranzbereich aus den in der Grafik dargestellten Werten nicht angegeben werden. Deutlich erkennbar ist jedoch, dass das Minimum der tolerierten Salzkonzentration temperaturabhängig ist: Bei 20 °C, mitten im Optimalbereich der Temperatur, können die Garnelen völlig salzfreies Wasser ertragen; je weiter die Temperatur von ihrem Optimalbereich entfernt liegt, desto höher liegen die Minima der Salzkonzentration, und desto empfindlicher reagieren somit die Garnelen auf geringe Salzkonzentrationen. Dies zeigt, dass die Grenzwerte des Toleranzbereichs eines bestimmten Umweltfaktors von der Ausprägung anderer Umweltfaktoren beeinflusst werden können.

b) Die Garnelen weisen hinsichtlich der Salzkonzentration des Wassers eine relativ große ökologische Potenz auf; sie sind eurypotent gegenüber diesem Umweltfaktor. Fast alle im Süßwasser lebenden Lebewesen zeigen gegenüber der Salzkonzentration des Wassers eine geringere ökologische Potenz: Sie ertragen keine Salzkonzentrationen, die deutlich oberhalb von 5 ‰ liegen. Auch gegenüber der Temperatur haben die Garnelen im Vergleich zu anderen Meereslebewesen eine recht große ökologische Potenz. Viele Lebewesen in Flachwasserbereichen tropischer Meere, wie zum Beispiel Riffe bildende Steinkorallen, sind bei Wassertemperaturen deutlich unter 20 °C nicht mehr lebensfähig.

2 Abiotischer Faktor Temperatur

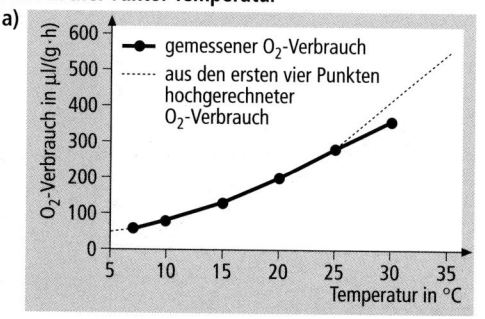

a)

b) Die Zunahme des Sauerstoffverbrauchs mit steigender Temperatur entspricht der RGT-Regel (Reaktionsgeschwindigkeits-Temperatur-Regel). Diese besagt, dass sich die Lebensprozesse von Ektothermen innerhalb des Temperatur-Toleranzbereichs bei einer Temperaturerhöhung um 10 °C um das Zwei- bis Dreifache beschleunigen.

c) Im hier dargestellten Beispiel gilt die Regel für den Temperaturbereich von 7 bis 25 °C.

d) Der aus den ersten vier Wertepaaren der Tabelle hochgerechnete Kurvenverlauf ist in der oben gezeigten Abbildung dargestellt. Nach dieser Beziehung (quadratische Regression) würde der berechnete Sauerstoffverbrauch bei einer Temperatur von 30 °C noch höher liegen als der gemessene Sauerstoffverbrauch. Dies verdeutlicht, dass die RGT-Regel nur in einem bestimmten Bereich gilt, der sich innerhalb des Toleranzbereichs der Art befinden muss.

3 Populationsdichte und Konkurrenz

a) Bis zu einer Ausgangszahl von etwa 40 Eiern ist die Sterberate der Reismehlkäfer-Population nahezu konstant. Mit einer Erhöhung der Ausgangszahl der Eier nimmt die Sterberate deutlich zu.
Mit zunehmender Dichte blühender Pflanzen des Dünengrases pro Flächeneinheit nimmt die Anzahl der pro Pflanze produzierten Samen deutlich ab.

b) Nimmt die Ausgangszahl der Eier zu, so ist auch die Zahl der daraus schlüpfenden Larven erhöht. Das Ressourcenangebot an Raum und Nahrung, das jedem einzelnen Tier zur Verfügung steht, verringert sich. Wird eine bestimmte Dichte der Population überschritten, reicht das Ressourcenangebot nicht mehr für alle Tiere aus, und die Sterberate steigt. Nach Überschreiten dieser Schwelle sind die Faktoren Raum und Nahrung dichteabhängig.
Mit zunehmender Dichte der Pflanzen stehen jeder einzelnen Pflanze weniger Ressourcen in Form von Licht (aufgrund gegenseitiger Beschattung) und Mineralstoffen zur Verfügung. Das Vermögen der einzelnen Pflanze, Biomasse und damit auch Samen zu produzieren, sinkt. Die Faktoren Licht und Mineralstoffangebot sind hier dichteabhängig.

c) Das Ansteigen der Sterberate der Reismehlkäfer oberhalb einer Ausgangszahl von ungefähr 40 Eiern ist auf intraspezifische Konkurrenz um die lebensnotwendigen Ressourcen zurückzuführen. Während die Konkurrenz unterhalb der genannten Schwelle noch indirekt ist, lässt die erhöhte Sterberate darauf schließen, dass die Konkurrenz mit steigender Populationsdichte immer stärker zu einer direkten Konkurrenz um die Ressourcen wird, wobei die Intensität der Konkurrenz zunimmt.
Auch zwischen den Dünengras-Pflanzen herrscht intraspezifische Konkurrenz, die sich mit zunehmender Dichte der Pflanzen immer stärker zu einer direkten Konkurrenz entwickelt.

4 Parasitismus
a) Der geschlechtsreife Fuchsbandwurm lebt im Darm des Fuchses. Die von ihm produzierten Eier werden mit dem Kot des Fuchses abgegeben. Mäuse nehmen die Eier bei der Nahrungsaufnahme auf. In den Mäusen entwickeln sich aus den Eiern die Finnen, die sich im Muskelgewebe der Mäuse ungeschlechtlich vermehren. Werden diese Mäuse von Füchsen erbeutet, entwickeln sich die Finnen im Darm der Füchse zu geschlechtsreifen Würmern, die Eier produzieren. Ein neuer Entwicklungszyklus beginnt.
b) Menschen können sich mit Eiern des Fuchsbandwurms infizieren, wenn sie im Wald Pilze oder Beeren sammeln, die durch bandwurmhaltigen Fuchskot verunreinigt sind. Die Eier des Fuchsbandwurms können durch starkes Erhitzen (Kochen oder Braten) der Nahrungsmittel abgetötet werden, nicht aber durch Einfrieren.
c) Der Mensch ist ein Fehlzwischenwirt, weil er im natürlichen Entwicklungszyklus des Fuchsbandwurms nicht vorkommt. In ihm entwickeln sich aus den Eiern die Finnen, die aber noch keine Eier produzieren können. Da Menschen nicht zur Beute der Füchse gehören, wird der Entwicklungszyklus des Fuchsbandwurms durch den Menschen unterbrochen.
d) Als Fehlzwischenwirt kann der Mensch auch im Entwicklungszyklus des Hundebandwurms und der Trichine auftreten. In beiden Fällen können Infektionen des Menschen mit den Parasiten zu schweren Gesundheitsstörungen oder sogar zum Tod führen.

5 Regulation der Populationsdichte
a) In den Jahren nach 1970, nachdem die Population der Elche einen relativ hohen Wert erreicht hatte und eine hohe Zahl von Beutetieren für die Wölfe umfasste, nahm die Population der Wölfe stark zu. Durch die hohe Zahl der räuberischen Wölfe wurde daraufhin die Population der Elche deutlich reduziert und fiel 1980 auf einen relativ geringen Wert zurück. Mit der Abnahme der Beutetiere ging auch die Zahl der Wölfe wieder zurück, worauf sich die Elchpopulation wieder erholte.
b) Die Dichte der Elchpopulation wurde vor dem Eintreffen der Wölfe ausschließlich durch die Menge der zur Verfügung stehenden Ressourcen bestimmt. Eine entscheidende Rolle spielte dabei vermutlich die Nahrungsmenge, die wiederum durch die jeweilige Witterung beeinflusst wurde.
c) Die Kurvenverläufe von Elch- und Wolfpopulation entsprechen dem 1. VOLTERRAschen Gesetz, wonach die Individuenzahlen von Räuber und Beute auch bei sonst konstanten Bedingungen periodisch schwanken und die Maxima der Populationsgrößen phasenverschoben sind. In dem hier dargestellten Beispiel gilt dieses „Gesetz" für den Zeitraum ab 1960.
d) Nach dem 2. VOLTERRAschen Gesetz werden die Durchschnittsgrößen der Populationen trotz kurzfristiger Schwankungen langfristig konstant bleiben.

6 Ökosystem See
a)

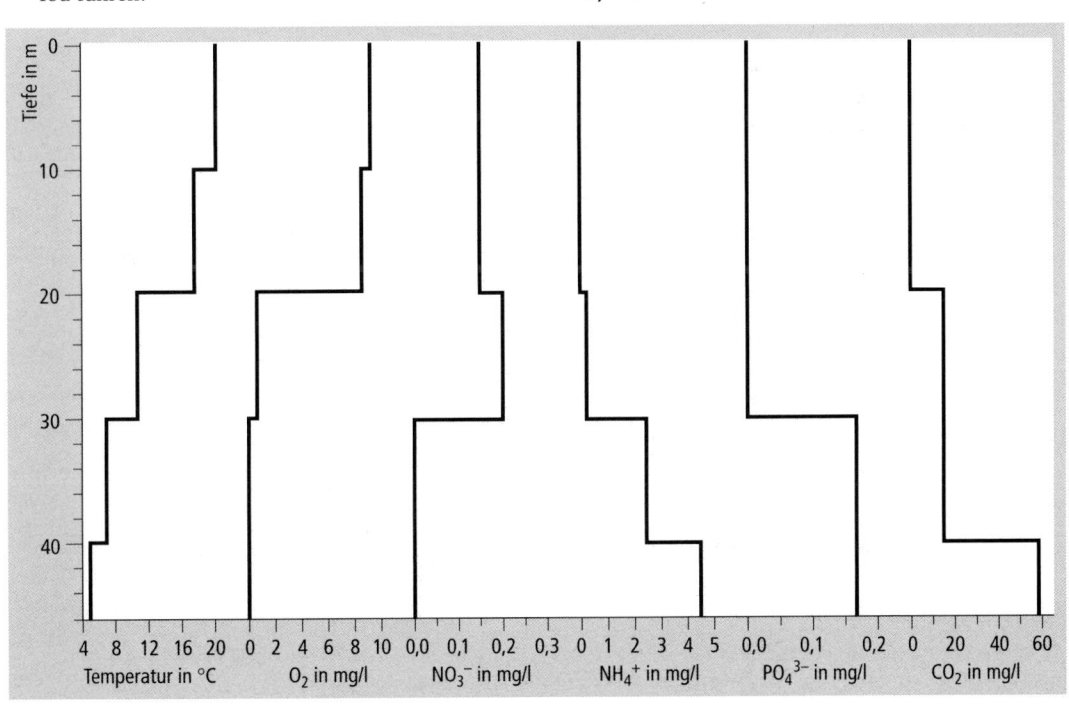

b) Die Messwerte stammen aus dem Sommer. Die Tiefenprofile sowohl der Temperaturwerte als auch der chemischen Kenngrößen deuten auf eine Schichtung der Wasserschichten hin, die für die Sommerstagnation typisch ist. Die warmen Wassertemperaturen oberhalb von 20 Metern Wassertiefe sind kennzeichnend für das Epilimnion. Im Tiefenbereich zwischen 10 und 20 Metern befindet sich die Sprungschicht, die mit den hier gegebenen Temperaturwerten nicht klar abgrenzbar ist. Unterhalb von 20 Metern befindet sich das kältere Hypolimnion. Die relativ hohen Sauerstoff-(O_2)-Konzentrationen und die geringen Konzentrationen an Ammonium-(NH_4^+)- und Phosphat-(PO_4^{3-})-Ionen sowie an Kohlenstoffdioxid (CO_2) oberhalb von 20 Metern Wassertiefe sind kennzeichnend für die Nährschicht (trophogene Zone), in der die Primärproduzenten (das Phytoplankton) Mineralstoffe und Kohlenstoffdioxid aufnehmen und im Verlauf der Fotosynthese Sauerstoff an das Wasser abgeben. Unterhalb von 20 Metern liegt die Zehrschicht (tropholytische Zone), in der infolge Sauerstoff zehrender Abbauprozesse die Sauerstoff-Konzentrationen sehr niedrig sind. Die durch die Destruenten bewirkten Zersetzungsprozesse toter organischer Stoffe resultieren in erhöhten Konzentrationen an Ammonium- und Phosphat-Ionen sowie an Kohlenstoffdioxid. Wegen des dort herrschenden starken Sauerstoffverbrauchs wird der in den organischen Stoffen enthaltene Stickstoff nicht mehr zu Nitrat-Ionen nitrifiziert, sondern die Mineralisation verläuft nur bis zu Ammonium-Ionen.

c) Zur Zeit der Frühjahrs- und der Herbstzirkulation verlaufen die Tiefenprofile der Temperatur und der hier aufgeführten chemischen Kennwerte homogener und lassen keine deutliche Schichtung erkennen. Der Grund dafür ist eine starke Durchmischung des Seewassers, die den gesamten Wasserkörper erfasst. Diese wird dadurch bewirkt, dass sich beim Abkühlen des Wassers im Herbst und beim Erwärmen des Wassers im Spätwinter nach dem Schmelzen des Eises die Temperatur des Oberflächenwassers einem Wert von 4 °C nähert, an dem das Wasser seine größte physikalische Dichte aufweist. Das Oberflächenwasser sinkt dann ab, und Tiefenwasser steigt auf. Gefördert wird dieser Wasseraustausch durch die im Frühjahr und Herbst häufiger auftretenden Stürme.

Im Winter liegt ebenfalls keine deutliche Schichtung des Wassers vor. Die Tiefenprofile der hier dargestellten Kennwerte ähneln dann denen des Frühjahrs und des Herbstes. Aufgrund der starken Abkühlung der Luft liegt die Temperatur der oberen Wasserschichten nahe am Gefrierpunkt, während sich die Schichten des Wassers mit der höchsten Dichte und einer Temperatur von ungefähr 4 °C in größeren Tiefen befinden. Wegen der niedrigen Temperaturen laufen sowohl die Fotosynthese als auch die Zersetzungsprozesse nur noch sehr langsam ab. Somit lassen sich auch keine Nähr- und Zehrschicht erkennen.

d) Warme Wassertemperaturen im Epilimnion und gute Versorgung mit Mineralstoffen nach der Frühjahrszirkulation begünstigen im Sommer die Fotosynthese der Primärproduzenten in dieser Schicht. Die Produktion von Biomasse durch die Primärproduzenten bildet wiederum die Lebensgrundlage für Konsumenten. Während des Sommers findet sich im Epilimnion daher eine große Zahl von Lebewesen, die eine hohe Aktivität entfalten. Tote organische Stoffe sinken nach unten und werden von Detritusfressern und Mineralisierern zersetzt. Die ständige Zufuhr organischer Stoffe aus dem Epilimnion beziehungsweise der Nährschicht sorgt auch in der Zehrschicht für eine hohe biologische Aktivität. Im Winter dagegen haben die niedrigen Wassertemperaturen eine geringe biologische Aktivität im gesamten Wasserkörper zur Folge.

7 Verschmutzung von Fließgewässern

a) Der Biologische Sauerstoffbedarf (BSB) ist ein Maßstab für die Belastung eines Gewässers mit biologisch abbaubaren organischen Stoffen. Nimmt die Konzentration organischer Stoffe im Wasser zu, so steigt auch der Bedarf an Sauerstoff, der zu deren Abbau benötigt wird. Die Konzentration an Sauerstoff im Wasser nimmt somit ab. Mit abnehmender Konzentration organischer Stoffe sinkt auch der Sauerstoffbedarf, und die Sauerstoffkonzentration im Wasser kann wieder steigen.

b) Legt man die in Abbildung 264.1 des Schülerbandes angegebenen Richtwerte zugrunde (Güteklasse I: BSB 1 mg/l; Güteklasse II: BSB 2–6 mg/l; Güteklasse III: BSB 7–20 mg/l; Güteklasse IV: > 20 mg/l), so wies der Rhein in den Jahren 1954 bis 1958 noch die Gewässergüteklasse II auf (mäßig belastet), in den folgenden Jahren bis 1977 fast durchgehend die Gewässergüteklasse III (stark belastet). Danach verbesserte sich die Wasserqualität wieder und entsprach bis zum Ende der hier wiedergegebenen Messreihe im Jahr 1991 der Gewässergüteklasse II. Die Verbesserung der Wasserqualität ist auf Maßnahmen verbesserter Abwasserreinigung und auf die Verringerung des Eintrags von Verunreinigungen zurückzuführen.

c) Chemische Methoden ermöglichen eine Beurteilung der aktuellen Gewässergüte eines Gewässers und eine genaue Identifizierung von Stoffen im Wasser. Um langfristige Aussagen über die Gewässergüte zu erhalten, müssten aber über einen längeren Zeitraum immer wieder Proben genommen und analysiert werden, was zeit-, arbeits- und kostenintensiv ist. In dieser Hinsicht sind biologische Methoden günstiger, die aufgrund des Vorkommens bestimmter Arten von Lebewesen im Wasser Aussagen über die längerfristige Gewässergüte erlauben. Akute Belastungen eines Gewässers lassen sich damit aber im Gegensatz zu chemischen Analysen nicht erkennen.

8 Wälder der feuchten Tropen und Wälder der gemäßigten Breiten

a) Die Wälder der feuchten Tropen weisen eine vielschichtigere Struktur auf als die Wälder der gemäßigten Breiten. In den tropischen Wäldern kommt eine große Zahl an Epiphyten und rankenden Pflanzen vor, die andere Pflanzen als Träger- und Stützpflanzen benutzen. Auf diese Weise können sie in den oberen Schichten des Waldes Licht nutzen, ohne erst ein eigenes aufwändiges Stützsystem aufbauen zu müssen. In den Wäldern der feuchten Tropen wachsen außerdem Baumriesen, welche die ohnehin schon weit oberhalb der Bodenoberfläche ausgebildete Kronenschicht noch deutlich überragen.

b) Im Vergleich zu den Wäldern der gemäßigten Breiten verfügen die Wälder der feuchten Tropen über einen viel größeren Anteil lebender Pflanzenmasse und über einen deutlich geringeren Anteil an Erde. Auch der Anteil an toter Pflanzenmasse ist in den tropischen Wäldern etwas geringer. In den tropischen Wäldern ist daher der überwiegende Teil an Mineralstoffen in der lebenden Pflanzenmasse gespeichert und nur ein relativ geringer Teil ist im Boden enthalten. In dem ganzjährig warm-feuchten Klima werden tote organische Stoffe schnell zersetzt und auch schnell wieder von Pflanzen aufgenommen. In den Wäldern gemäßigter Breiten ist dagegen ein großer Teil der Mineralstoffe im Boden gespeichert. Aufgrund des kühleren Klimas werden tote organische Stoffe weniger schnell zersetzt und befinden sich in Form von Humus im Boden. Der Boden stellt in diesen Wäldern also einen wichtigen Speicher von Mineralstoffen dar.

c) Werden tropische Wälder abgeholzt, so sind ihre gering mächtigen Böden einer starken Erosion durch Niederschläge ausgesetzt. Ein Teil des Bodens wird zusammen mit den in ihm enthaltenen Mineralstoffen fortgespült. Der verbleibende Boden enthält dann nur noch relativ geringe Mengen an Mineralstoffen. Eine anschließende landwirtschaftliche Nutzung der gerodeten Fläche ist somit nur für wenige Jahre möglich. Danach ist der Boden so stark an Mineralstoffen verarmt, dass sich keine ausreichenden Erträge mehr erzielen lassen. Der Boden enthält dann auch nicht mehr genügend Mineralstoffe für eine Regeneration der ursprünglichen Wälder. Stattdessen entsteht dort ein wesentlich niedrigerer und artenärmerer Wald, der so genannte Sekundärwald.

9 Eutrophierung und Artenvielfalt

a) Über den gesamten Untersuchungszeitraum bleibt die Artenvielfalt auf den ungedüngten Flächen nahezu auf einem gleich hohen Niveau. Die Artenvielfalt auf den gedüngten Flächen nimmt dagegen seit Beginn des Versuchs ab.

b) Als Folge der Düngung ist die Nährstoffverfügbarkeit an allen Stellen der gedüngten Flächen hoch. Davon profitieren die wuchskräftigen Arten: Sie können die hohe Nährstoffverfügbarkeit in hohe Produktionsraten an Biomasse umsetzen. Arten, die an geringe Nährstoffverfügbarkeit angepasst sind und geringere Wachstumsraten haben, werden verdrängt: Ihre oberirdischen Teile werden von den stärker wüchsigen Arten überwachsen und beschattet, und ihr Wurzelsystem ist den Wurzeln der wuchskräftigeren Arten in der Konkurrenz um Wasser unterlegen. Unter den Bedingungen gleichmäßig hoher Nährstoffversorgung werden weniger wuchskräftige und damit konkurrenzschwächere Arten in der Konkurrenz um die Ressourcen Licht und Wasser durch die konkurrenzstärkeren Arten aus dem Lebensraum ausgeschlossen.

c) Landwirtschaftlich intensiv genutztes Grünland wird gedüngt, um die Produktivität der Flächen dauerhaft hoch zu halten. Dadurch werden einige wenige, sehr wuchskräftige Arten gefördert. Es ist damit zu rechnen, dass die weniger wuchskräftigen Arten mit der Zeit durch die produktiveren Arten verdrängt werden. Die Vielfalt an Pflanzenarten auf den landwirtschaftlich intensiv genutzten Flächen wird im Laufe der Zeit sehr wahrscheinlich abnehmen.

d) In landwirtschaftlich intensiv genutzten Regionen gelangt immer auch ein Teil der bei der Düngung ausgebrachten, für das Pflanzenwachstum wichtigen Mineralstoffe durch Windverwehung in die Atmosphäre und kann in Form von Staub oder mit Niederschlägen in andere Ökosysteme eingetragen werden. Davon sind auch schutzwürdige, mineralstoffarme Lebensräume betroffen. Diese Lebensräume werden somit durch Mineralstoffeintrag über die Atmosphäre „gedüngt", auch wenn eine direkte landwirtschaftliche Bearbeitung unterbunden wird. Infolge des unter b) beschriebenen Prozesses kann daher auch in diesen Lebensräumen die Artenvielfalt abnehmen.

10 Treibhauseffekt

a) Die CO_2-Konzentration der Atmosphäre nimmt seit Mitte des 18. Jahrhunderts bis zum Ende des 20. Jahrhunderts exponentiell zu. Die Abweichungen der Jahresmitteltemperatur der Erdoberfläche vom langjährigen Mittel sind von der Mitte des 19. Jahrhunderts bis zur Mitte des 20. Jahrhunderts negativ, werden aber während dieses Zeitraums geringer. Ungefähr seit 1980 sind die Temperaturabweichungen positiv, wobei die Differenzen zunehmend größer werden. Dies zeigt eine globale Erwärmung im Vergleich mit dem langjährigen Mittel der Jahre 1961 bis 1990 an.

b) Die Erhöhung der atmosphärischen CO_2-Konzentration trägt über den so genannten Treibhauseffekt zur Temperaturerhöhung der Erdoberfläche bei. Das Kohlenstoffdioxid in der Atmosphäre behindert die Wärmeabstrahlung der Erdoberfläche, die aus der einfallenden Sonneneinstrahlung resultiert. Die Atmosphäre wird dadurch wärmer, und die Temperatur der Erdoberfläche steigt.

c) Aus der Parallelität der Kurvenverläufe von CO_2-Konzentration und Temperaturdifferenz kann man nicht auf einen ursächlichen Zusammenhang schließen. Es ist auch möglich (wenn auch aufgrund zahlreicher anderer Untersuchungen inzwischen wenig wahrscheinlich), dass die Temperaturerhöhung der Erdoberfläche auf langfristige globale Klimaschwankungen zurückzuführen ist, die unabhängig von der momentanen Erhöhung der atmosphärischen CO_2-Konzentration ablaufen.

d) Die Auswirkungen einer globalen Temperaturerhöhung auf die Erde sind vielfältig und für einzelne Regionen nur schwer vorherzusagen. Generell wird erwartet, dass Mächtigkeit und Ausdehnung von Gletschern abnehmen (dies wird bereits seit einigen Jahren beobachtet), dass das Ausmaß der Eisbedeckung von Arktis und Antarktis abnimmt, dass Wälder sich stärker zu den Polen hin ausbreiten (vor allem auf der Nordhalbkugel) und dass sich trockene Regionen in tropischen und subtropischen Regionen stärker ausdehnen. In gemäßigten Klimaregionen, die jetzt von Wald bedeckt sind, wird mit einem Vordringen von Steppen- beziehungsweise Savannenvegetation gerechnet. Temperaturerhöhungen in tropischen Meeren können zum Absterben von Korallenriffen führen, wie es zur Zeit schon in Perioden mit höheren Temperaturen beobachtet wird.

e) Die wichtigsten Maßnahmen zur Verringerung der CO_2-Emissionen sind Maßnahmen zum Energiesparen, da große Mengen an CO_2 bei der Energieumwandlung freigesetzt werden. Eine wichtige Rolle spielen dabei die Wärmedämmung an und in Gebäuden, die Konstruktion von elektrischen Geräten, die wenig Energie benötigen, die sparsame Benutzung von Kraftfahrzeugen und die Entwicklung von Motoren mit geringem Treibstoffverbrauch. All dies sind Maßnahmen, die vor allem von den Industrieländern zu treffen sind. Sie wurden zu einem großen Teil auch schon eingeleitet, müssen in der Zukunft aber noch verstärkt werden, um den Anstieg der atmosphärischen CO_2-Konzentration zu begrenzen.

In den tropischen Regionen Mittel- und Südamerikas, Afrikas und Ostasiens ist vor allem die Vernichtung des tropischen Regenwaldes zum Zweck der Holzgewinnung und der Schaffung landwirtschaftlicher Nutzflächen stark einzuschränken. Während die Holzgewinnung häufig von international tätigen Konzernen betrieben wird, die in den hoch entwickelten Industrieländern ansässig sind, sind an der Rodung tropischer Regenwälder zur Schaffung landwirtschaftlicher Nutzflächen auch einheimische Kleinbauern beteiligt, für die der so genannte Wanderfeldbau die einzige Lebensgrundlage darstellt.

11 Biodiversität und Naturschutz

a) Je größer die Fläche ist, desto größer ist in der Regel auch die Strukturvielfalt der Fläche: Unterschiedliche Vegetationsformen wie Wald, Gebüsch, Grünland und die Vegetation von Feuchtgebieten sind ebenso mit größerer Wahrscheinlichkeit vertreten wie unterschiedliche Landschaftsformen, zum Beispiel Erhebungen, Täler, Ebenen und Gewässer. Daher nimmt mit zunehmender Flächengröße in der Regel auch die Zahl ökologischer Nischen deutlich zu. Bei der Erörterung dieser Frage ist jedoch darauf zu achten, dass ökologische Nischen keine physikalisch vorhandenen dreidimensionalen Räume in einem Lebensraum darstellen, sondern sich aus der Gesamtheit der Umweltfaktoren und Ressourcen innerhalb eines Lebensraums ergeben, die für die jeweiligen Arten von Bedeutung sind.

b) Ein wirkungsvoller Artenschutz besteht darin, hinreichend große Flächen unter Schutz zu stellen, um über die große Zahl ökologischer Nischen auch eine möglichst große Zahl von Arten zu schützen. Wirkungsvoller Artenschutz ist immer auch der Schutz des Lebensraums dieser Arten.

c) Die Größe der Minimumareale der Tierarten hängt von ihrer Größe, ihrer Nahrung, ihrer Lebensweise und ihrem Fortpflanzungsverhalten ab. Die räuberische Gottesanbeterin findet genügend Beute auf einer Fläche, die zur dauerhaften Erhaltung von Trockenrasen groß genug ist. Der Bergmolch benötigt geschlossene Waldgebiete, die zur Entwicklung der Jungtiere auch geeignete Gewässer enthalten müssen. Birkhühner bevorzugen Hochmoorgebiete mit einem gewissen Anteil an Bäumen und Gebüsch. Für einen dauerhaften Fortbestand von Hochmooren ist allein schon eine Fläche von mindestens 500 Hektar nötig. Die Tiere reagieren außerdem sehr empfindlich auf Störungen und meiden Gebiete, in denen gejagt wird oder Bautätigkeiten, Ausflugsverkehr oder Bewirtschaftungsmaßnahmen stattfinden. Fischotter brauchen naturnahe Flussläufe mit dicht bewaldeten Ufern, an denen sie ihre unterirdischen Gänge anlegen können.

Bei allen genannten Tierarten muss außerdem berücksichtigt werden, dass für eine dauerhafte Erhaltung einer Population nicht nur zwei oder einige wenige Tiere nötig sind, sondern eine Mindestzahl von einigen dutzend bis zu wenigen hundert Individuen. Wölfe benötigen große, zusammenhängende Waldgebiete, in denen die in Rudeln lebenden Tiere genügend Nahrung finden. Da ihre Beute aus größeren Säugetieren besteht, die für ihren Fortbestand selbst auf ein Minimumareal einer bestimmten Größe angewiesen sind, hat das

Minimumareal der Wölfe ein derart großes Ausmaß.

d) Die genannten Arten sind in erster Linie durch die Umwandlung oder Zerstörung ihres Lebensraums gefährdet. Trockenrasen müssen durch Beweidung oder durch gezieltes Entfernen von aufkommenden Sträuchern und Bäumen freigehalten werden. Da sie nur noch selten durch Schafe beweidet werden und andere Pflegemaßnahmen teuer sind und deswegen oft unterlassen werden, besteht die Gefahr, dass sie sich im Laufe der Sukzession in Gebüsch und schließlich in Wald umwandeln. Waldgebiete werden im dicht besiedelten Mitteleuropa häufig durch den Bau von Straßen zerschnitten und durch Freizeitaktivitäten beeinträchtigt. Moore sind zu einem großen Teil bereits in den vergangenen Jahrhunderten durch Urbarmachung für die Landwirtschaft und bei der Torfgewinnung zerstört worden; Eutrophierung durch Stickstoffeintrag gefährdet den Fortbestand der restlichen Moore ebenso wie den Fortbestand der Trockenrasen. Fließgewässer werden durch Begradigung, Kanalisierung und Verschmutzung verändert. Im Fall des Wolfs stellt ungesetzliche Jagd eine weitere Gefährdung dar, da dieses Tier im Bewusstsein vieler Menschen ungerechtfertigterweise immer noch eine unmittelbare Bedrohung darstellt.

Unverzichtbare Schutzmaßnahmen für alle genannten Tierarten umfassen somit die Erhaltung ihres Lebensraums unter weitestmöglichem Verzicht auf Bewirtschaftung, Verschmutzung, Zerschneidung und Nutzung für menschliche Aktivitäten. Vor allem im Fall des Wolfs kommt noch die strikte Einhaltung und Überwachung des Jagdverbots hinzu.

Seite 278 bis 279

PRAKTIKUM: Untersuchung von Ökosystemen

1 Charakterisierung von Fließgewässern

a) –

b) –

c) Als Bestimmungsliteratur für Indikatorlebewesen sind zum Beispiel Wolfgang ENGELHARDTs, „Was lebt in Tümpel, Bach und Weiher?" aus der Reihe ‚Kosmos Naturführer', Francksch'sche Verlagshandlung, Stuttgart und „Das Leben im Wassertropfen" von Heinz STREBLE und Dieter KRAUTER aus derselben Reihe geeignet.

Zur Ermittlung der Wasserqualität auf der Grundlage der Indikatorlebewesen geht man folgendermaßen vor:

Der Bestimmungsliteratur entnimmt man für jede Indikatorart den Saprobienwert (von 1 = Reinwasserzone bis 4 = sehr stark verunreinigte Wasserzone). Der Saprobienwert wird mit einem relativen Häufigkeitswert multipliziert, der die durchschnittliche Häufigkeit der gefundenen Lebewesen in den Proben angibt:

Häufigkeitswert 1 = durchschnittlich 1 bis 2 Tiere pro Probe
Häufigkeitswert 2 = durchschnittlich 3 bis 10 Tiere pro Probe
Häufigkeitswert 3 = durchschnittlich 11 bis 30 Tiere pro Probe
Häufigkeitswert 4 = durchschnittlich 31 bis 60 Tiere pro Probe
Häufigkeitswert 5 = durchschnittlich 61 bis 100 Tiere pro Probe
Häufigkeitswert 6 = durchschnittlich 101 bis 150 Tiere pro Probe

Die Produkte werden summiert und durch die Summe der Häufigkeitswerte geteilt. Der auf eine Dezimalstelle gerundete Quotient ist der Saprobienindex.

Beispiel:

Art	Häufigkeitswert · Saprobienwert = Produkt		
Steinfliegenlarve	3	1,0	3,0
Eintagsfliegenlarve	2	1,6	3,2
Lidmückenlarve	4	1,0	4,0
Summe	9		10,2

Saprobienindex = 10,2 : 9 = 1,1

Aus dem Saprobienindex ergibt sich die Gewässergüteklasse:

Saprobienindex 1,0 bis 1,8 = Gewässergüteklasse I (unbelastet)

Saprobienindex > 1,8 bis 2,7 = Gewässergüteklasse II (mäßig belastet)

Saprobienindex > 2,7 bis 3,5 = Gewässergüteklasse III (stark belastet)

Saprobienindex > 3,5 bis 4,0 = Gewässergüteklasse IV (übermäßig belastet)

d) Ein Maßnahmenkatalog zur Verbesserung der Naturnähe und der Wasserqualität eines Baches kann folgende Punkte umfassen:
– Beseitigung von Abfall und Hindernissen, die das ungestörte Fließen des Wassers behindern,
– Einflussnahme auf Eigentümer von Gärten und landwirtschaftlichen Flächen im Einzugsgebiet des Baches mit dem Ziel, die Gewässerbelastung durch Dünge- oder Pflanzenschutzmittel zu verringern,
– Anpflanzung natürlicherweise am Ufer vorkommender Gehölze (zum Beispiel Weiden und Erlen),
– Pflegemaßnahmen für Gehölze (zum Beispiel regelmäßiges Zurückschneiden der Weiden).

2 Kleinlebewesen in Gewässern

a), b) Als Bestimmungsliteratur für die Kleinlebewesen ist „Das Leben im Wassertropfen" von Heinz STREBLE und Dieter KRAUTER aus der Reihe ‚Kosmos Naturführer', Franckh'sche Verlagshandlung, Stuttgart geeignet.

c), d) Es ist zu erwarten, dass in den Ansätzen ohne Zusatz von Flüssigdünger oder Kochsalz die meisten und vielfältigsten Lebewesen in der Wasserprobe aus dem eutrophen Gewässer gefunden werden, gefolgt von der Wasserprobe aus dem oligotrophen Gewässer. Im Leitungswasser sollten die wenigsten Lebewesen zu finden sein. Die Zugabe von Flüssigdünger sollte die Biomasse an Kleinlebewesen deutlich erhöhen, wobei einige wenige Arten auf Kosten anderer eine Massenentwicklung durchlaufen können. Welche Arten jeweils gefunden werden, ist auch von der Jahreszeit der Probennahme abhängig, da sich die Entwicklungszyklen der einzelnen Arten unterscheiden. Die Zugabe von Salz sollte aufgrund der toxischen Wirkung des Salzes auf viele Kleinlebewesen zu einer Abnahme der Artenzahl und der Anzahl der Individuen führen. Es kann aber auch zu einer stärkeren Entwicklung einiger relativ salztoleranter Arten auf Kosten anderer Arten kommen. Auf jeden Fall ist eine Veränderung der Artenzusammensetzung durch Salzzugabe zu erwarten.

e) Die Ergebnisse sind als Resultate eines Modellversuchs zur Belastung von Gewässern mit Düngemitteln und Streusalz darzustellen. Veränderungen, wie sie in den Versuchsansätzen durch Zugabe von Flüssigdünger oder Kochsalz eintraten, sind prinzipiell auch in Gewässern zu erwarten, die durch die Zufuhr von Düngemitteln und Streusalz belastet werden.

3 Selbstreinigungskraft von Gewässern

a), b) In Glas A wird die durch Milchzugabe verursachte Trübung einige wenige Tage lang bestehen bleiben und dann allmählich verschwinden. An der Glaswand kann sich ein Belag absetzen, der aus Bakterien besteht. In Glas B wird sich die Trübung nicht auflösen, und es kommt zu einer unangenehmen Geruchsentwicklung. Am Boden des Glases kann sich ein flockiger Niederschlag bilden.

c) In Glas A sorgen allgegenwärtige Bakterien für den nahezu vollständigen Abbau der organischen Stoffe in der Milch. In Glas B übersteigt die Menge der zugegebenen Milch die Fähigkeit der Bakterien, die organischen Stoffe abzubauen. Dieses Experiment dient als Modellversuch zur Selbstreinigungskraft von Gewässern. Mäßig starke Verunreinigungen durch organische Stoffe können durch die im Wasser vorhandenen Bakterien abgebaut werden. Übermäßig starke Verunreinigungen übersteigen die Selbstreinigungskraft von Gewässern, und es kommt zu Sauerstoffarmut und Fäulnisprozessen.

4 Untersuchung von Waldboden

Zur Bestimmung der Bodentiere kann die klassische zoologische Bestimmungsliteratur herangezogen werden:
Paul BROHMER (Begründer): „Brohmer – Fauna von Deutschland" (weitergeführt von M. SCHAEFER), Wiebelsheim, Quelle & Meyer.
Erwin STRESEMANN (Begründer): „Exkursionsfauna von Deutschland" (weitergeführt und herausgegeben von H.J. HANNEMANN und K. SENGLAUB), Jena, Fischer.
Weitere Informationen zur Bodenökologie und Bodenzoologie finden sich in:
Wolfram DUNGER: „Tiere im Boden", Jena, Fischer.
Ulrich GISI: „Bodenökologie", Stuttgart, Thieme.

a), b) In der Streuschicht sind vor allem Tiere der Makrofauna (Länge der Tiere 4 bis 80 Millimeter) zu finden. Diese Tiere, zu denen vor allem Asseln, Regenwürmer, Saftkugler, Schnakenlarven, Schnecken und Schnurfüßer gehören, sind an der Zerkleinerung der noch weitgehend unzersetzten Streu beteiligt. In der Streu lebende räuberische Formen umfassen Spinnen, Drahtwürmer und Ohrwürmer. Im Boden unterhalb der Streuschichten leben Tiergruppen, die sich von bereits stärker zersetztem organischen Material ernähren und mehrheitlich zur Mesofauna gehören (Körperlänge 0,2 bis 4 Millimeter). Häufige Tiergruppen der Mesofauna sind Hornmilben und Springschwänze. Die hier vorkommenden Fadenwürmer ernähren sich sowohl von toten organischen Stoffen als auch von Teilen lebender Pflanzen, von Kleintieren, Pilzhyphen und Bakterien. Ebenfalls in diesem Bodenbereich leben Regenwürmer und Enchyträen, die ebenso wie Regenwürmer große Mengen an organischen Stoffen umsetzen. Bestimmte Regenwurmarten legen senkrechte Gänge an, in die sie organische Stoffe hinabziehen. Die Ausscheidungen der Regenwürmer, die noch reich an organischen Stoffen sind, werden zum Teil in größeren Tiefen abgesetzt. Auf diese Weise tragen die senkrecht grabenden Regenwurmarten entscheidend zur Durchmischung der anorganischen Bodenbestandteile mit organischen Stoffen bei. Diese Regenwurmarten sind in Bodentiefen bis zu 50 Zentimetern zu finden. In manchen Böden reicht ihr Aktivitätsraum sogar bis in zwei Metern Bodentiefe. Zur Mikrofauna (Größe der Lebewesen bis 0,2 Millimeter) gehören vor allem Einzeller, die mit der Lupe nicht mehr zu erkennen sind.

c) Im Vergleich mit Laubwäldern wachsen Nadelwälder oft auf von Natur aus nährstoffärmeren, sauren Böden. Die Zersetzung der Nadelstreu nimmt mehrere Jahre in Anspruch und benötigt einen längeren Zeitraum als die Zersetzung der Laubstreu. Deswegen reichert sich die Nadelstreu in relativ dicken Lagen am Waldboden an. Aus der schwer zersetzbaren Streu entstehen stärker saure Abbauprodukte, die den pH-Wert des Bodens noch zusätzlich senken. Vor allem die senkrecht in die Tiefe grabenden Regenwürmer vertragen niedrige pH-Werte nicht und fehlen deshalb in diesen Böden. Dort ist die Durchmischung mit organischen Stoffen daher oft weniger stark als in Laubwäldern, und die meisten organischen Stoffe finden sich nur in den obersten Zentimetern des Bodens. Auch die Enchyträen kommen in diesen Böden weniger zahlreich vor. Die Zerkleinerung toter organischer Stoffe wird dort von anderen Gruppen von Lebewesen übernommen, vor allem von Hornmilben und Springschwänzen.

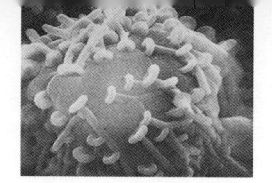

Nerven-, Sinnes- und Hormonphysiologie

1 Vom Reiz zur Reaktion

Seite 283

1. Axon (Abbildung): 380 Linien zu je 42 mm + 1 Linie zu 30 mm = 15990 mm Länge
   Soma (Abbildung): 3 mm Durchmesser
   Axon (real):   1 m = 1000 mm Länge
   Soma (real): 1000 mm = 15990 mm
   $\qquad\qquad\qquad$ x = 3 mm
   $\qquad\qquad\qquad$ x = 0,188 mm
   Der wirkliche Durchmesser des Somas beträgt etwa 188 µm.

2. Das Soma beinhaltet den Bereich der Nervenzelle, der den Zellkern (Nucleus) enthält. Von diesem Zellkörper entspringen mehrere Dendriten und ein Axon. Im Soma ist neben dem Zellkern mit einem voluminösen Nucleolus der auffälligste Zellbestandteil das raue ER, das als Ergastoplasma den Zellkern umgibt. Ferner fallen neben vielen Mitochondrien GOLGI-Vesikel mit elektronendichtem Inhalt auf.
   Das Auftreten dieser Zellbestandteile lässt auf eine hohe physiologische Aktivität schließen:
   Mitochondrien: erhöhte Dissimilation; hohe ATP-Produktion
   raues ER: verstärkte Proteinsynthese von Struktur- und vor allem von Enzymproteinen
   GOLGI-Vesikel: Anreicherung und Transport von Neurosekreten, die als Neurosekret-Granula bis in das Synapsen-Endknöpfchen transportiert werden. Die vor allem im Axon vorkommenden Neurotubuli und glatten ER-Zisternen dienen offenbar dem Transport dieser Neurosekret-Granula.

Seite 290

EXKURS: Synapsengifte

1. Das Pfeilgift Curare hemmt die Acetylcholin-Rezeptormoleküle einer neuromuskulären Synapse. Es besitzt eine ähnliche chemische Struktur wie Acetylcholin, hat jedoch eine wesentlich höhere Affinität zu den Rezeptormolekülen als dieses. Wenn Curare-Moleküle die Rezeptormoleküle der postsynaptischen Membran also besetzen, wird die Konzentration an Acetylcholin-Molekülen im synaptischen Spalt erhöht. Normalerweise werden die Acetylcholin-Moleküle durch die Acetylcholinesterase abgebaut. Gibt man jedoch geringe Mengen an Physostigmin hinzu, wird die Aktivität der Acetylcholinesterase blockiert, sodass die hohe Konzentration an Acetylcholin bestehen bleibt. Die hohe Konzentration der Acetylcholin-Moleküle ermöglicht nun eine Verdrängung der Curare-Moleküle aus den Acetylcholin-Rezeptormolekülen, sodass die Lähmung des Muskels aufgehoben wird.

Seite 292

1. Die folgende Beschreibung bezieht sich auf die Teilabbildungen 1 bis 4 der Abbildung 293.2 im Schülerband.
   Teilabbildung 1: Im ruhenden Muskel besitzen die Myosinköpfchen keinen Kontakt zu den Actinfilamenten. Am Myosinköpfchen sind ADP und P gebunden.
   Teilabbildung 2: Erreicht ein Nervenimpuls in Form von Aktionspotenzialen die Muskelfaser, entsteht ein Endplattenpotenzial. Durch Übertragung auf das Sarkoplasmatische Retikulum werden hier Calcium-Ionen (Ca^{2+}) freigesetzt. Diese Ionen werden durch das Troponin im Actinfilament gebunden, wodurch das Tropomyosin die Myosin-Bindungsstellen freigibt. Die Myosinköpfchen lagern sich an die Actinfilamente an.
   Teilabbildung 3: Durch Ablösen von ADP und P erfolgt eine Konformationsänderung des Myosinköpfchens. Diese innermolekulare Umlagerung führt zum Umklappen des Myosinköpfchens, wodurch das Actinfilament um etwa fünf bis zehn Nanometer am Myosinfilament in Richtung Z-Scheibe „vorbeigleitet".
   Teilabbildung 4: Durch Anlagerung eines ATP-Moleküls an das Myosinköpfchen und anschließender Spaltung in ADP und P wird das Myosin vom Actin gelöst. Die ATP-Spaltung bewirkt, dass das Myosinköpfchen wieder in eine energiereiche „gespannte" Ausgangslage gebracht wird.

2. Bei Eintritt des Todes erfolgt keine Aufnahme von Sauerstoff mehr, wodurch die ATP-Bildung unterbunden wird. Erfolgt keine „Nachlieferung" von ATP, sind die Myosinköpfchen in abgeknickter Konformation fest an das Actin gebunden: Der Muskel kann weder gestreckt noch kontrahiert werden. Der Zeitpunkt dieser Totenstarre ist abhängig von der vorangegangenen Beanspruchung, also der ATP-Reserve. So fällt gehetztes Wild direkt nach dem tödlichen Schuss in Totenstarre. Die

Totenstarre schwindet erst wieder bei enzymatischem Abbau des Muskels.
3. Bei einer Muskelkontraktion kommt es durch das Aneinandervorbeigleiten von Actin- und Myosin-Filamenten zur Verkürzung der Myofibrillen, wobei jedoch weder die Actin- noch die Myosin-Filamente ihre Länge verändern.

Seite 294

PRAKTIKUM: Untersuchungen zur Nervenphysiologie

1 Diffusionspotenzial
a)

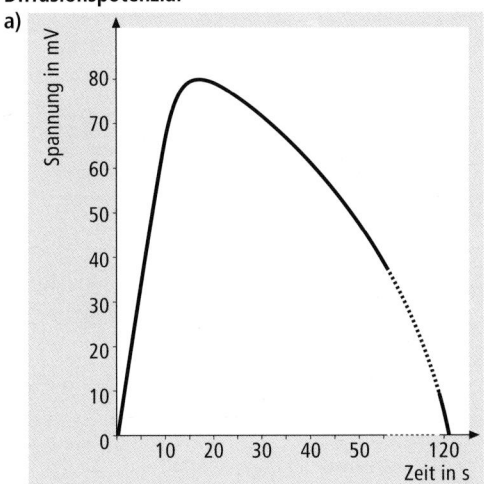

b) In der verdünnten Salzsäure befinden sich hydratisierte Oxonium-Ionen (H_3O^+ (aq)) und hydratisierte Chlorid-Ionen (Cl^- (aq)). Aufgrund der zunächst höheren Ionenkonzentration in der Kammer mit der Salzsäure kommt es im Zuge des Konzentrationsausgleiches zunächst zur Diffusion der leichteren, kleineren und schnelleren Oxonium-Ionen durch die omnipermeable Trennwand. Durch diese Ladungstrennung überwiegt in der rechten Kammer die positive Ladung, in der linken die negative. Zwischen den beiden Kammern hat sich eine elektrische Spannung aufgebaut. Durch diese Potenzialdifferenz werden die positiv geladenen Ionen in der Diffusionsgeschwindigkeit abgebremst, die negativ geladenen Ionen stärker angezogen und ihre Geschwindigkeit erhöht. Letztlich wandern beide Ionensorten gleich schnell im elektrischen Feld, sodass der Konzentrationsunterschied allmählich ausgeglichen wird. Das Diffusionspotenzial strebt gegen Null.

2 Membranpotenzial
a)

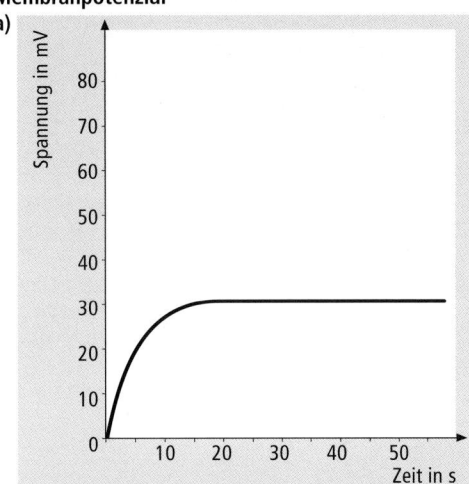

b) Im Gegensatz zu Versuch 1 (Diffusionspotenzial) können hier zwar die Kationen, also die Oxonium-Ionen, durch die selektiv permeable Membran diffundieren, jedoch die größeren Chlorid-Ionen nicht. Es wird also ein Diffusionspotenzial aufgebaut, das nahezu konstant bleibt (Membranpotenzial). Durch die Kationen-permeable Membran stellt sich ein Konzentrationsgradient für die Kationen ein, der im elektrochemischen Gleichgewicht zu den Anionen steht. Dies ist die Ursache für die niedrigere Potenzialdifferenz gegenüber dem Diffusionspotenzial.

3 Versuche nach GALVANI
a) Versuch A: kein Ausschlag am Messgerät
Versuch B: ein geringer Ausschlag am Messgerät
Versuch C: ein großer Ausschlag am Messgerät
Die Ausschläge in den Versuchen B und C lassen sich durch die Potenzialdifferenz der unterschiedlichen Metalle erklären: Nach der Spannungsreihe der Metalle besitzt Zn/Zn^{2+} ein Elektrodenpotenzial von $-0,76$ V und Cu/Cu^+ von $+0,35$ Volt. Im Speichel, der als Elektrolyt fungiert, und in der Natriumchlorid-Lösung fließen die Elektronen vom Zink zum Kupfer.
b) GALVANI irrte sich in seiner Deutung: Nicht die Muskeln geben Potenziale ab, sondern die unterschiedlichen Metalle weisen eine Potenzialdifferenz auf, wodurch – wie VOLTA richtig deutete – die Muskelzuckung ausgelöst wurde.
c) Der Zungenversuch entspricht dem Versuch von GALVANI: Das „Kribbeln" auf der Zunge aufgrund der entstehenden Spannung entspricht dem Muskelzucken des Froschschenkels.
d) Bei Verwendung einer reinen Zink- oder Kupferpinzette hätte GALVANI kein Zucken beobachtet, da keine Potenzialdifferenz aufgebaut worden wäre.

4 Erregungsleitung (Modellversuche)
a) Bei leichter Neigung des Löffelstiels rollt die Glaskugel in der Löffelmulde zunächst hin und her und bleibt schließlich in der Muldenmitte liegen. Ab einer bestimmten Höhe des angehobenen Löffelstiels rollt die Glaskugel über den Löffelrand hinaus und bringt die folgenden Dominosteine nach und nach zu Fall (Versuch A).
Auch bei Versuch B rollt die Glaskugel bei gleicher Höhe wie in Versuch A über den Löffelrand hinaus. Der erste Dominostein schiebt dann jedoch im Gegensatz zu Versuch A während des Umfallens den Kunststoffhalm auf der Legorampe nach vorn, wodurch der nächste Stein kippt, bis letztlich alle Dominosteine umgekippt sind.
In Versuch B fällt die Dominosteinreihe schneller um als in Versuch A.
b)

Modellversuch	Erregungsleitung	
	kontinuierlich	saltatorisch
Löffel	Dendrit mit Soma bzw. Erregungszustand des Neurons	Dendrit mit Soma bzw. Erregungszustand des Neurons
Dominosteinreihe	markloses Axon	
Dominosteinreihe / Kunststoffhalm		markhaltiges Axon
Kunststoffhalm		myelinisierte Bereiche
Bereich, in dem sich jeweils der zwischen den Kunststoffhalmen gelegene Dominostein befindet		RANVIERscher Schnürring
Dominostein (stabil stehend)	Ruhepotenzial	Ruhepotenzial
Dominostein (umfallend)	Aktionspotenzial	Aktionspotenzial
Höhe des Löffelrandes vom Tisch aus gesehen	Schwellenpotenzial	Schwellenpotenzial
Anheben des Löffelstiels und dadurch bedingtes Rollen der Glaskugel	Depolarisation	Depolarisation
Glaskugel	postsynaptisches Potenzial	postsynaptisches Potenzial

2 Nervensysteme

Seite 295

1. Das zentrale Nervensystem umfasst den Bereich eines Nervensystems, in dem Nervenzellen konzentriert sind. Ganglien bilden räumlich und funktional eine Einheit. Dagegen umfasst das periphere Nervensystem die Nervenzellen, die die Verbindung zwischen dem zentralen Nervensystem und den anderen Bereichen des Körpers herstellen.

Seite 296

1. Im äußeren Bereich des Rückenmarks, der weißen Substanz, verlaufen die Axone der sensorischen und motorischen Bahnen. In der grauen Substanz innen liegen die Zellkörper der Neurone, die dem Rückenmark dort die graue Farbe verleihen.

Seite 297

1. Das vegetative Nervensystem reguliert die Tätigkeit der inneren Organe und die emotionale Stimmung.
2. Antagonistische Wirkung heißt, dass die Wirkung des einen Teils die des anderen rückgängig macht beziehungsweise kompensiert. So bewirkt der Sympathikus eine Erhöhung der Schlagfrequenz des Herzens, der Parasympathikus dagegen eine Herabsetzung.

Seite 299

1. *Großhirn:* Gedächtnisleistungen, bewusstes Erleben, Auswertung von Information aus den Sinnesorganen, Steuerung der Muskulatur, weitere Aufgaben in Zusammenarbeit mit anderen Gehirnbereichen
Zwischenhirn: Koordination lebenswichtiger Körperfunktionen, Regulierung des Hormonhaushaltes
Mittelhirn: Schaltstation zwischen verschiedenen Gehirnbereichen, Wach-Schlaf-Rhythmus, Atmungsregulierung
Kleinhirn: Entwerfen und Überwachen von Bewegungsabläufen, Regulierung des Gleichgewichts
Nachhirn: Schaltzentrale für lebenswichtige Reflexe, Ursprung verschiedener Nervenbahnen zum Kopfbereich

3 Informationsverarbeitung im Nervensystem

Seite 303

1. Unter der Plastizität des Gehirns versteht man den Fall, dass bestimmte Aufgaben, falls der zuständige Bereich des Gehirns ausfällt, von einem anderen übernommen werden können.
2. Die sensorischen Felder sind zuständig für die Informationen, die von den Sinnesorganen kommen, die motorischen für die Befehle an die Skelettmuskulatur. Die Assoziationsfelder erhalten Informationen aus verschiedenen Rindenfeldern, verknüpfen und verarbeiten diese und versetzen den Organismus in die Lage, angemessene Entscheidungen zu treffen.
3. Die Körperregionen mit einer hohen Dichte an Neuronen, wie zum Beispiel Finger, Mund oder Zunge, haben einen besonders großen Rindenanteil. Die von diesen Bereichen ausgehenden sensorischen Informationen sind für den Menschen von herausragender Bedeutung, so beim Sprechen oder beim Gebrauch von Werkzeugen.
4. Die rechte Hemisphäre ist sensorisch und motorisch für die linke Körperhälfte zuständig, die linke Hemisphäre für die rechte Körperhälfte.
5. Das WERNICKEsche Sprachzentrum speichert Informationen über den Inhalt der Sprache und ermöglicht die Worte entsprechend des gelernten Vokabulars und grammatikalischer Regeln in sinngebende Sprache anzuordnen. Das BROCAsche Sprachzentrum dient der Sprachproduktion. Es wird vom WERNICKEschen Sprachzentrum angewiesen, „was gesagt werden soll" und leitet die Information an den motorischen Cortex weiter, die Sprachmuskeln zu bewegen.
6. Das Kleinhirn ist an der Planung, Erstellung und Abspeicherung von Bewegungsabläufen beteiligt. Auch beim Lernen von Bewegungsabläufen spielt das Kleinhirn eine wichtige Rolle.
7. Die Schmerzleitung erfolgt über bestimmte Synapsen. In der postsynaptischen Membran dieser Synapsen befinden sich Rezeptormoleküle, an die so genannte Endorphine andocken und dadurch die Erregungsleitung abschwächen. Stoffe können als Schmerzmittel wirksam sein, wenn ihre Moleküle aufgrund ihrer räumlichen Spezifität ebenfalls an die Rezeptormoleküle andocken und somit die Schmerzleitung abschwächen beziehungsweise unterbinden können.
8. Wenn beim Gehirn Schmerzsignale eingehen, schüttet es Endorphine aus. Diese transmitterwirksamen Stoffe dämpfen die Erregungsübertragung an solchen Synapsen, die schmerzleitende Neurone verbinden. Endorphine haben eine sehr kurze Halbwertszeit, sodass nach kurzer Zeit der Schmerz wieder auftritt.

Seite 305

1. Vergessen bedeutet einen Verlust an Informationen. All das, was bedeutungsarm ist oder nicht regelmäßig aktiviert wird, kann vergessen werden. Die biologische Bedeutsamkeit des Vergessens liegt aber darin, Ballast abzuwerfen. Vergessen ist hier zu verstehen als „Abfließen" von Informationen aus den Speichern der drei Gedächtnisstufen. In diesem Sinne ist Vergessen lebensnotwendig, um eine Überlastung dieser Speicher zu verhindern. Zudem erscheint eine permanente „Entsorgung" von Informationen auch deshalb vorteilhaft, weil so die abgespeicherte Informationsmenge möglichst klein bleibt und ein Wiederfinden abgespeicherter Inhalte (Erinnern) schneller und besser gelingt. Auch für die emotionale Stabilität ist Vergessen wichtig: Negative, belastende Erinnerungen werden schwächer. Dies erleichtert die Etablierung einer positiven Grundstimmung.

Seite 306 bis 307

AUFGABEN: Bau und Funktion von Nervensystemen

1 Ausstrom von Natrium-Ionen

Natrium-Ionen diffundieren von außen nach innen aufgrund der Konzentrationsverhältnisse (Leckströme). Ihr Ausstrom von innen nach außen erfolgt mithilfe aktiven Transports durch ein Carrier-System, die Natrium-Kalium-Pumpe.
A. Im Verlauf der aufgezeigten 250 Minuten nimmt der Ausstrom radioaktiver Natrium-Ionen deutlich ab (logarithmische Auftragung). Dies ist darauf zurückzuführen, dass die Innenkonzentration an radioaktiven Natrium-Ionen immer geringer wird; durch Leckströme diffundieren lediglich nichtradioaktive Natrium-Ionen ins Innere.
B. Hier ist ein vergleichbarer Verlauf des Ausstroms radioaktiver Natrium-Ionen zu verzeichnen. Wird dem Medium allerdings DNP zugesetzt, das die ATP-Bildung unterbindet, nimmt der Ausstrom radioaktiver Natrium-Ionen stark ab: Das für den Betrieb der Natrium-Kalium-Pumpe erforderliche ATP fehlt. Folglich können keine Natrium-Ionen mehr nach außen transportiert werden.

2 Membranpotenzial

Mit zunehmender Kalium-Ionenkonzentration verringert sich das Membranpotenzial. Aufgrund der logarithmischen Auftragung ist eine diesbezügliche Abhängigkeit zu vermuten. Wenn die NERST-Gleichung bekannt ist, lässt sich damit diese Abhängigkeit erklären (die in dem Experiment kontinuierlich veränderte Kalium-Ionenkonzentration steht im Nenner; folglich führt deren Vergrößerung zu einer Abnahme des Potenzials). Ohne Kenntnis der Gleichung sollte folgendermaßen argumentiert werden: Das Ausmaß der nach außen diffundierenden Kalium-Ionen hängt vom Konzentrationsgefälle dieser Ionen ab. Wird außen die Kalium-Ionenkonzentration erhöht, nimmt das Konzentrationsgefälle ab und somit diffundieren weniger Kalium-Ionen nach außen. Das sich einstellende Membranpotenzial ist relativ klein.

3 Synapse

a) 1: Endknöpfchen; 2: Mitochondrien; 3: synaptischer Spalt; 4: Vesikel (transmitterhaltig); 5: postsynaptische Membran; 6: präsynaptische Membran

b) Nach dem Eintreffen von Aktionspotenzialen im Endknöpfchen diffundieren Calcium-Ionen in das Endknöpfchen. Daraufhin verschmelzen synaptische Vesikel mit der präsynaptischen Membran. Ein Transmitter wird in den synaptischen Spalt entlassen. Die weitere Transmitter-Ausschüttung wird unterbunden, indem die Calcium-Ionen wieder aus dem Endknöpfchen gepumpt werden. Die Transmittermoleküle diffundieren zur postsynaptischen Membran und setzen sich dort an den passenden Rezeptor. Dies führt zu einer Konformationsänderung des Transmitter-Rezeptors, der Kanal öffnet sich und Natrium-Ionen strömen in die Empfängerzelle. Der Transmitter wird sofort gespalten.

4 Potenziale an einer neuromuskulären Synapse

a) 1: präsynaptische Membran; 2: postsynaptische Membran; 3: Axon; 4: Endknöpfchen

b) I: Aktionspotenzial; II: Endplattenpotenzial; III: Muskelaktionspotenzial

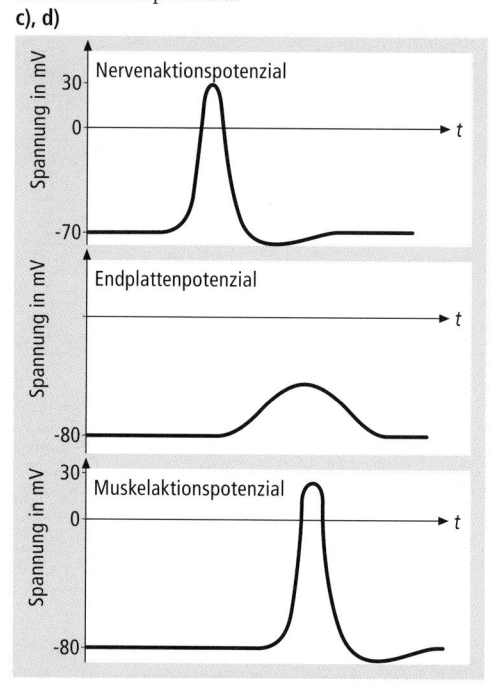

c), d)

e) Der Transmitter wird in den synaptischen Spalt entlassen, diffundiert an die postsynaptische Membran, setzt sich an den entsprechenden Rezeptor und erhöht dadurch dessen Permeabilität für Natrium-Ionen: Es entsteht ein exzitatorisches postsynaptisches Potenzial (EPSP).

f) Dieser Stoff könnte an die Transmitter-Rezeptoren andocken und dadurch das Andocken der Transmittermoleküle kompetitiv hemmen: Es würde kein EPSP ausgebildet werden und somit zu keiner Muskelkontraktion kommen.

g) Nach der Zugabe von Dinitrophenol würde es zu keiner Kontraktion der Muskelfaser kommen; aber auch andere Vorgänge, wie das Wiederaufnehmen des Transmitters in die Vesikel des Endknöpfchens, würden behindert beziehungsweise auf Dauer unmöglich werden.

5 Curare an der Synapse

a) *ohne Curare:* Ausbildung eines normalen Aktionspotenzials
wenig Curare: leicht verzögerte Ausbildung eines Aktionspotenzials
viel Curare: kleine Depolarisierung, Aktionspotenzialausbildung unterbleibt
Curare setzt sich an die Acetylcholin-spezifischen Rezeptoren in der postsynaptischen Membran, ohne die Acetylcholin-spezifische Veränderung der Permeabilität der postsynaptischen Membran für Natrium-Ionen zu bewirken. Es kommt zu keinem Einstrom von Natrium-Ionen und somit nicht zur Ausbildung eines EPSP. Dessen Ausbleiben verhindert die Ausbildung von Aktionspotenzialen.

b) Curare wird zum Beispiel bei Operationen eingesetzt, um störende Bewegungen des Patienten zu unterbinden. Die Rezeptoren für den Transmitter Acetylcholin an den Nerv-Muskel-Synapsen werden blockiert; der Muskel wird dadurch für Nervenimpulse unempfindlich und ist gelähmt. Curare kann durch bestimmte Medikamente wieder von den Rezeptoren gelöst werden.

6 Rezeptorpotenzial

a) Es kommt zu einer Depolarisierung, die dann zu etwa 50 Prozent zurückgeht und dort etwa auf einem konstanten Wert verbleibt.

b) Durch einen Lichtreiz wird ein lichtempfindlicher Stoff in der Vesikelmembran verändert. Calcium-Ionen strömen aus und setzen sich an die Rezeptoren in der Membran des äußeren Segments einer Sehzelle. Dadurch wird die Permeabilität für Natrium-Ionen erhöht, was eine Depolarisation nach sich zieht. Man nennt diese Depolarisation Rezeptorpotenzial.

c) Es handelt sich um ein graduiertes Potenzial, dessen Größe von der Stärke des Reizes abhängig ist.

Nerven, Sinnes- und Hormonphysiologie

7 Interneurone im Rückenmark

Die Information über den Schmerzreiz wird durch ein sensorisches Neuron zum Rückenmark geführt. Dort spaltet sich die Faser in vier Äste auf. Ast 2 (von links gezählt) führt die Erregung über ein hemmendes Interneuron zum Strecker und verhindert somit, dass dieser sich zusammenzieht. Ast 1 gibt die Erregung über ein erregendes Interneuron zum Beuger. Dieser kontrahiert und kann somit den Unterschenkel heranziehen, da gleichzeitig beim Strecker eine Kontraktion verhindert wird. Ast 3 und 4 führen in die andere Hälfte des Rückenmarks und beeinflussen Beuger und Strecker des Standbeines umgekehrt.

8 Zwei Gehirne im Vergleich

a) 1: Großhirn; 2: Zwischenhirn; 3: Mittelhirn; 4: Kleinhirn; 5: verlängertes Mark

b) Bei A fallen das relativ gering entwickelte Großhirn und das gut entwickelte Kleinhirn auf, bei B das gut entwickelte Großhirn und das sehr stark ausgebildete Kleinhirn.

c) A könnte man den Fischen zuordnen (relativ kleines Großhirn und relativ großes Kleinhirn als Angepasstheit an die relativ hohen Anforderungen beim Schwimmen), B den Vögeln (Großhirndimensionierung weist auf hohes Niveau der Informationsverarbeitung und hohe Lernleistungen hin, sehr großes Kleinhirn auf Angepasstheit an die Fortbewegungsweise Fliegen und Gehen auf zwei Beinen).

9 Sympathikus und Parasympathikus

a) Sympathikus und Parasympathikus werden dem vegetativen Nervensystem zugeordnet.

b) A. Bei Reizung des Parasympathikus mit einer Frequenz von 20 Hertz werden am Herzschrittmacher keine Aktionspotenziale mehr ausgebildet. Nach Ende der Reizung stellen sich die Aktionspotenziale wie vor der Reizung wieder ein.
B. Hier wird der Sympathikus mit einer Frequenz von 20 Hertz gereizt. Es kommt zu einer langsamen Zunahme der Aktionspotenzialfrequenz, die über das Reizende hinausgeht.

c) Sympathikus und Parasympathikus wirken antagonistisch. Der Sympathikus bewirkt eine Aktivierung der inneren Organe im Sinne einer Alarmreaktion, die Herzschlagfrequenz steigt. Der Parasympathikus ist der Gegenspieler des Sympathikus; nach Bewältigung der Alarmsituation geht die Herzschlagfrequenz zurück.

10 Sprachstörungen

Die Speicherplätze für das Sprechen verschiedener Sprachen liegen in unterschiedlichen Rindenbereichen (Hinweis auf distributive Speicheranordnung). Daher kann es zum Ausfall der angeeigneten Fremdsprache, nicht aber notwendigerweise der Muttersprache kommen.

4 Sinnessysteme

Seite 311

1. In Sinneszellen bewirken Lichtreize Änderungen des Membranpotenzials. Eine solche Potenzialänderung nennt man Rezeptorpotenzial. Dieses wird in der Impulsauslöseregion potenzialabhängig in eine Aktionspotenzialfrequenz umgesetzt. Das Umwandeln eines Lichtreizes in ein elektrisches Signal wie Aktionspotenziale nennt man Transduktion.

2. Bei der Fotosynthese wird die Energie definierter Spektralbereiche genutzt, um energiereiche Verbindungen wie Glucose aufzubauen. Bei der Reizung eines Fotorezeptors dagegen verändert sich der Sehpurpur, das Rhodopsin, eine Voraussetzung für die Fototransduktion.

3. Durch die Pupillenreaktion ist gewährleistet, dass die Netzhaut von weitgehend konstanten Lichtintensitäten getroffen wird. Diese weitgehende Konstanz der Lichtverhältnisse im Netzhautbereich gewährleistet, dass der für den Sehvorgang bedeutsame Gehalt an Sehfarbstoff hinreichend hoch ist, das heißt, dass der Zerfall von Sehfarbstoff durch dessen Neusynthese ausgeglichen wird.

Seite 314 bis 315

PRAKTIKUM: Sinnessysteme

1 Bestimmung der Akkommodationskraft

a) Der experimentell ermittelte Nahpunktabstand (in Metern) wird in die Formel eingesetzt und die Akkommodationskraft berechnet.

b) Folgende Altersabhängigkeit des Nahpunktabstandes lässt sich ermitteln:

Alter in Jahren	Nahpunkt in Metern
10	0,08
20	0,1
30	0,12
40	0,22

c) Mit zunehmendem Alter wird der Nahpunktabstand größer beziehungsweise die Akkommodationskraft kleiner. Die Augenlinse verliert an Elastizität. Bei der Nahakkommodation wölbt sie sich nicht mehr so stark wie eine jugendliche Linse, ihre Brechkraft nimmt ab. Der betrachtete Gegenstand kann nicht mehr so nahe an das Auge herangeführt und scharf gesehen werden.

2 Der gelbe Fleck – Bereich des schärfsten Sehens

a) Die Punkte sind nur im engen Umkreis um den fixierten Punkt deutlich zu sehen, weiter außen sieht man nur eine graue Fläche.

b) Der gelbe Fleck ist der Netzhautbereich mit der größten Sehzellendichte und einer 1:1-Verschaltung von Sehzellen und nachgeschalteten Nervenzellen.
Beides gewährleistet ein größtmögliches Auflösungsvermögen.

c) Bei Dämmerlicht werden die weniger lichtempfindlichen Zapfen des gelben Flecks nicht hinreichend stark gereizt. Das auf dem gelben Fleck abgebildete Punktmuster ruft keine Erregung hervor und wird folglich nicht gesehen.

3 Farb- und Formenunterscheidung im Gesichtsfeld des Menschen

a) Befindet sich die Karte im Randbereich des Gesichtsfeldes, ist weder die Farbigkeit der Symbole noch ihre Form erkennbar. Wird die Karte weiter in das Zentrum des Gesichtsfeldes gerückt, so ist zunächst blau, später rot und schließlich gelb zu identifizieren. Auch die Form der Symbole wird besser erkennbar, wenn die Testkarte weiter in das Zentrum des Gesichtsfeldes gebracht wird.

b) Die Testergebnisse haben, was die Farberkennung betrifft, ihre Entsprechung in der nachfolgend abgebildeten Zapfenverteilung auf der Netzhaut:

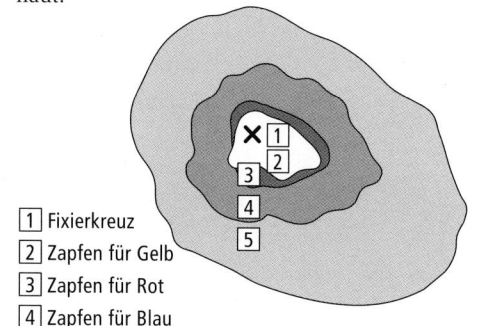

1 Fixierkreuz
2 Zapfen für Gelb
3 Zapfen für Rot
4 Zapfen für Blau
5 schwarz-weiß (Bewegung)

Zudem ist im Randbereich der Netzhaut die Sehzellendichte gering und jeweils mehrere Sehzellen sind mit einer Nervenzelle verschaltet. Diese Bedingungen erlauben ein nur unzureichendes Erkennen der Form der auf der Testkarte abgebildeten Symbole.

c) Die mäßige Ausstattung der Netzhautperipherie mit Seh- und Nervenzellen wird plausibel im Hinblick auf die Überlegung, dass dort registrierte Seheindrücke lediglich Warnfunktion haben. Es wird registriert, dass sich etwas in der Peripherie des Gesichtsfeldes tut. Eine genauere Betrachtung und Analyse so erfasster Objekte wird möglich durch Kopfwenden und Fixieren des Objektes.

4 Additive und subtraktive Farbmischung

Additive Farbmischung: Je nach Größe der verschieden farbigen Segmente lassen sich unterschiedliche Mischfarben erzeugen. So reizt zum Beispiel eine Mischung von roten und grünen Farbanteilen die Rot- und Grünrezeptoren. Die Verrechnung der Erregungen führt zum Farbeindruck gelb.

Subtraktive Farbmischung: Beim Mischen von blauer und gelber Tusche entsteht ein grüner Farbeindruck. Die beiden Tuschen absorbieren den ihrer Farbe entsprechenden Anteil des weißen Lichts. Die übrigen Farbanteile des weißen Lichts werden reflektiert und sind für den Farbeindruck verantwortlich.

5 PURKINJE-Phänomen

a) Bei Tageslicht wirkt das rote Quadrat heller als das blaue, in der Dämmerung sind die Verhältnisse umgekehrt.

b) Bei Tageslicht wird das Zapfensystem gereizt. Dabei sind die auf langwellige Farben ansprechenden Zapfen empfindlicher als die auf kurzwelliges Licht ansprechenden. Rot erscheint heller als blau. In der Dämmerung können nur die empfindlichen Stäbchen gereizt werden, die weniger empfindlichen Zapfen sprechen nicht an. Die spektrale Empfindlichkeit der Stäbchen ist zum kurzwelligen Licht hin verschoben, blau erscheint heller als rot.

6 Räumliches Auflösungsvermögen

a) –

b) Man kann einen Sehschärfewinkel von ungefähr einer Bogenminute ermitteln. Dieses entspricht einem Sehabstand von 25 Zentimetern und einem Abstand zwischen zwei Punkten von 0,06 Millimetern.

7 Einfach- und Doppelsehen

Wenn der vordere Stift fixiert wird, erscheint der hintere doppelt und umgekehrt. Beim Abdecken des rechten Auges verschwindet der rechte hintere Stift, beim Abdecken des linken der linke hintere Stift.
Der fixierte Stift wird auf korrespondierende Punkte der Netzhaut projiziert. Die diesbezügliche Erregung beider Augen wird zu einem Seheindruck „Stift einfach" verarbeitet. Die Bilder des nicht fixierten Stiftes fallen auf nicht korrespondierende Netzhautpunkte. Es entsteht der Seheindruck „Stift zweifach, links und rechts vom nicht fixierten Stift".

8 Richtungshören

a) Wenn die Schlauchstücke eine Länge von je einem Meter haben und sich der Wecker in Mittelstellung befindet, hat die Versuchsperson die Hörrichtungsempfindung „hinten". Eine Verschiebung des einen Trichters um 1,5 Zentimeter reicht aus, um bei der Versuchsperson den Eindruck, der Ton

käme von rechts beziehungsweise von links, hervorzurufen.
b) Hier ist ein vergleichbares Ergebnis zu erwarten. Für das Zurücklegen der Ein-Meter-Strecke benötigt der Schall 0,003 Sekunden, für die ermittelte Differenzstrecke von 1,5 Zentimetern 0,000045 Sekunden. Diese Laufzeitdifferenz reicht aus, um die ermittelte Hörrichtungsempfindung zu bewirken.

9 Modellversuch zum Drehsinn

Bei Beschleunigung des Drehstuhls zügig rechtsherum beziehungsweise linksherum werden die Streifen entgegengesetzt zur Drehrichtung abgelenkt; bei äußerst langsamer Drehung des Stuhls werden die Streifen kaum abgelenkt; beim Bremsen nach gleichmäßiger Drehung werden die Streifen entgegengesetzt zur Bremsrichtung abgelenkt. Bei Drehung des Kopfes nach rechts werden der horizontale Bogengang und die Kupulae ebenfalls nach rechts gedreht, die Bogengangsflüssigkeit bleibt aufgrund ihrer Massenträgheit hinter dieser Drehung zurück und lenkt die Kupulae entgegengesetzt zur Drehrichtung ab. Bei der Drehung des Kopfes in die andere Richtung kommt es zu einer vergleichbaren Ablenkung der Kupulae. Die Drehung wird wahrgenommen.
Beim äußerst langsamen Drehen des Kopfes folgt die Bogengangsflüssigkeit der Drehung des Kopfes weitgehend, die Kupulae werden kaum abgelenkt und die Drehbewegung wird kaum wahrgenommen.
Beim abrupten Bremsen nach einer gleichmäßigen Drehbewegung dreht sich die Bogengangsflüssigkeit weiter und lenkt die Kupulae, die zusammen mit den Bogengängen bereits abgebremst sind, ab. Es entsteht der Eindruck einer Drehbewegung in der Richtung, die entgegengesetzt zur Drehrichtung vor dem Abbremsen ist.

10 Bedeutung des Geruchssinns für das Schmecken

Mit abgeklemmten Nasenöffnungen lassen sich die fünf Mussorten nicht einwandfrei identifizieren. Allenfalls über die Konsistenz einzelner Musproben und über deren Säuregrad ist eine angenäherte Identifizierung möglich. Ohne Nasenklemme dagegen können die fünf Mussorten erkannt und benannt werden. Geruchskomponenten einzelner Mussorten gelangen durch die Nasenöffnungen zu den Riechschleimhäuten und reizen hier spezifische Sinneszellen. Deren Erregung wird zum Geruchszentrum in der Großhirnrinde geleitet. Dort findet die Identifizierung statt. Über die Geschmacksrezeptoren auf der Zunge allein lassen sich die Mussorten nicht identifizieren. Hier sind nur die vier beziehungsweise fünf Geschmacksqualitäten süß, sauer, salzig, bitter und möglicherweise glutamatähnlich erfassbar.

11 Reizschwelle beim Schmecken

Man kann mit sehr unterschiedlichen Ergebnissen rechnen. Die meisten Testpersonen erkennen den süßen Charakter einer Zuckerlösung, wenn sie mindestens 0,5-prozentig ist.

5 Hormonale und neuronale Steuerung

Seite 317

1. Eine Regulation erfordert die Übermittlung der Information von Ist- und Stellwert. Bei der hormonalen Regulation wird zumindest einer der beiden Wege über das Gefäßsystem zurückgelegt, bei der neuronalen Regulation über Neuronen. Die neuronale Informationsübertragung ist ungleich schneller, der Regulationsvorgang beziehungsweise der Beginn der Regulation geht schneller vonstatten als bei der hormonalen Regulation. Diese allerdings hält länger an, was durch die relativ lange Lebensdauer (Halbwertszeit) der Hormonmoleküle gewährleistet ist. Diese Eigenschaft macht die hormonale Regulation tauglich für die Regulation des inneren Milieus. Beide Regulationsmechanismen unterliegen dem Prinzip der negativen Rückkopplung.

2. Nur dadurch, dass Hormone wieder abgebaut werden, ist gewährleistet, dass die hormonspezifische Wirkung nur so lange anhält, wie es für den Organismus erforderlich ist.

3. Cortisol ist ein lipophiles Steroidhormon und kann als solches die Zellmembran der Zielzelle durchdringen. Im Zellinnern dockt es an einen zell- und hormonspezifischen Rezeptor an und setzt eine spezifische Wirkungskette in Gang. Insulin kann als Peptidhormon die Zellmembran nicht durchdringen. Es dockt an einen membranständigen Rezeptor an und setzt über diesen – zumeist ein assoziiertes Enzym wie die Adenylatcyclase – eine spezifische Wirkungskette in Gang.

Seite 321

1. Man bezeichnet einen solchen Hormontyp als glandotrop. Beim Menschen könnte man das thyreotrope Hormon nennen, das die Hormonausschüttung in der Schilddrüse regelt.

2. Als übergeordnetes Hormon ist das prothorakotrope Hormon zu nennen. Dieses Peptidhormon wird im Gehirn hergestellt und ausgeschüttet. Es dockt im vorderen Brustabschnitt an Zellen der Prothoraxdrüse an und bewirkt über second messenger die Synthese des Häutungshormons Ecdyson. Das Ecdyson steht auf der untersten Stufe der Hierachie der Hormone.

3. Auxin fördert das Streckungswachstum, die Mitoseaktivität von Geweben, die Teilungsaktivität im Kambium oder die Wurzelbildung und verhindert die Knospenbildung.
4. Gibberellin aktiviert die Proteinbiosynthese, so zum Beispiel im Bereich der Gene, die die α- und β-Amylase codieren. Diese beiden Enzyme zerlegen die gespeicherte Stärke in Maltose und Glucose. Diese Zucker werden dann von dem Keimblatt absorbiert und dort zu Saccharose verarbeitet, das anschließend den wachsenden Organen des Embryos zur Verfügung steht.

Seite 322

1. Bei Wasserverlust führen über die Messgrößen „erhöhter osmotischer Wert" und „Abnahme des Blutvolumens" drei Wege in ein übergeordnetes Zentrum im Hypothalamus, ein vierter in die Nebennierenrinde, die über die Aldosteronausschüttung die Wasserresorption in der Niere fördert.
Vom übergeordneten Zentrum im Hypothalamus wird zum einen ein verstärktes Durstgefühl hervorgerufen, das zu einer Wasseraufnahme führt. Zum anderen regt dieses Zentrum die Hypophyse zur Ausschüttung des antidiuretischen Hormons an, das wiederum die Wasserresorption in der Niere positiv beeinflusst.

Seite 323

EXKURS: Stress

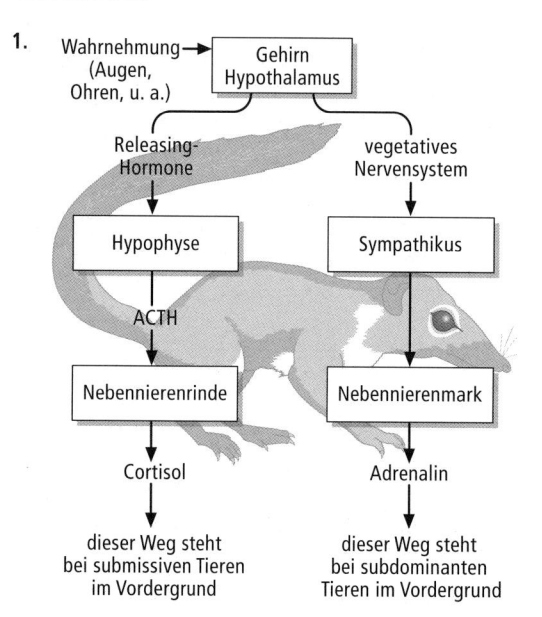

1.

Wahrnehmung → Gehirn Hypothalamus
(Augen, Ohren, u. a.)

Releasing-Hormone → Hypophyse → ACTH → Nebennierenrinde → Cortisol
dieser Weg steht bei submissiven Tieren im Vordergrund

vegetatives Nervensystem → Sympathikus → Nebennierenmark → Adrenalin
dieser Weg steht bei subdominanten Tieren im Vordergrund

2. Die subdominanten Tupaia-Männchen bezeichnet man als „Herzinfarkt"-Männchen. Sie haben lange Zeit hohe Adrenalinwerte, die wiederum zum Beispiel die Herzschlagfrequenz unentwegt steigern. Schäden des Kreislaufsystems sind die Folge, so zum Beispiel auch Herzinfarkte.
Submissive Tupaia-Männchen gehören dem „Infekt"-Typ an. Ihre hohen Cortisolwerte fördern den Abbau von Muskulatur und Fettgewebe und führen zur Schwächung des Immunsystems. Infekte und Geschwüre treten gehäuft auf.

Seite 325

1. Wenn Methadon als Agonist fungiert, ruft es Wirkungen hervor, die denen eines Opiats gleichen. Es ist zu erwarten, dass Methadon-Konsumenten zwar vom Opiat loskommen, aber zunehmend vom Methadon abhängig werden.
2. Durch die ärztliche Verabreichung von Methadon besteht für die Patienten nicht mehr die Notwendigkeit, sich Heroin zu beschaffen. Damit entfällt der gesamte Komplex der Beschaffungskriminalität beziehungsweise -prostitution. Die Gefahr der Ansteckung (HIV, Hepatitis) durch unzureichende hygienische Bedingungen beim Drogenkonsum in der Illegalität ist ebenfalls nicht mehr gegeben. Die Betroffenen sind wieder ansprechbar und somit besser erreichbar für eine Entzugstherapie und ihre Resozialisierung.
3. Endorphine sind sehr kurzlebig, ihre Lebensdauer beträgt nur wenige Minuten. Sie sind nicht so lange an die Rezeptoren gebunden, sodass die Toleranzentwicklung und andere mit der Sucht einhergehende Veränderungen nicht eintreten können. Zudem wird das zugrunde liegende System nur bei Bedarf aktiviert. Diese Aktivierung unterliegt nicht der willentlichen Kontrolle.
4. Grundsätzlich sind die Motive sehr vielfältig. Bei jugendlichen Erstkonsumenten stehen oft Erlebnishunger und Neugierde an erster Stelle. Weiteres Motiv kann sein, in der Bezugsgruppe als vollwertig anerkannt zu werden. Wieder anderen Konsumenten sind der Faszination, die von Mitgliedern der Drogenszene ausgeht, erlegen. Es kommen Enttäuschungen in Familie, persönlichen Beziehungen, Schule oder Beruf hinzu. Durch Drogen sollen unangenehme Ereignisse und Empfindungen sowie Enttäuschungen verdrängt werden und gleichzeitig das allgemeine Lebensgefühl gesteigert werden.

Seite 326 bis 327

AUFGABEN: Sinnesorgane und Hormone

1 Augentyp
a) 1: Lichtsinneszellen; 2: Sekret; 3: Epithelzellen; 4: Pigmentzellen
b) Bei dem Augentyp handelt es sich um ein Grubenauge, zum Beispiel von einer Napfschnecke.

2 Rezeptorpotenzial
a) Während der Reizung mit einer konstanten Spannung kommt es zu einer kurzzeitigen aktionspotenzialähnlichen Depolarisation. Danach fällt das Rezeptorpotenzial auf einen konstanten Wert, der nur wenig über dem Ausgangspotenzial liegt.
b) Es geht hier um die Ausbildung eines Rezeptorpotenzials bei der Lichtsinneszelle eines wirbellosen Tieres. Die Reizung führt zu einer Depolarisation, und nicht wie bei Wirbeltieren zu einer Hyperpolarisation. Folgender Mechanismus wäre für die Fototransduktion, der Umsetzung eines Lichtreizes in ein bioelektrisches Signal, denkbar: Bei Dunkelheit sind die Na^+-Kanäle geschlossen, das resultierende Ruhepotenzial ist relativ niedrig. Unter Lichteinfluss wird das Sehpigment aktiviert. Über mehrere Zwischenschritte wird zyklisches Guanosinmonophosphat (cGMP) gebildet, das die Na^+-Kanäle öffnet. Es kommt zu einer kräftigen Depolarisation.

3 Empfindlichkeit von Sehzellen
a) Die maximale Empfindlichkeit von Stäbchen liegt mehr im kurzwelligen Bereich (510 nm), die von Zapfen im langwelligen (580 nm).
b) Bei Dämmerung werden die Stäbchen aktiviert. Diese sind für den Farbton blau empfindlicher als für rot. Folglich führt eine blaue Blüte, die Licht der Wellenlänge von 450 nm reflektiert, zu einer stärkeren Depolarisation und damit zu einer größeren Helligkeitsempfindung.

4 Akkommodation
a) Unter Akkommodation versteht man die Anpassung des Auges an unterschiedliche Gegenstandsweiten. Sie gewährleistet, dass der betrachtete Gegenstand immer scharf auf der Netzhaut abgebildet wird.
b), c) Im linken Bild wird die Akkommodation durch Verschiebung der Linse und damit durch Änderung des Abstandes von der Linse zur Netzhaut erreicht (Prinzip wie bei einem Fotoapparat). Biologisch bedeutsam ist diese Form der Akkommodation bei Tiefseefischen. Diese leben unter hohem Wasserdruck und sind deshalb auf eine starre Linse angewiesen, die diesem Druck standhält. Im rechten Bild ist die bei vielen Landwirbeltieren praktizierte Akkommodationsform dargestellt. Durch Wölbung und Abflachung der elastischen Linse wird die Brechkraft entsprechend der Gegenstandsweite verändert.

5 Netzhaut
a) 1: Aderhaut; 2: Pigmentschicht; 3: Zapfen und Stäbchen; 4: bipolare Nervenzellen; 5: Ganglienzellen
b) Pfeilrichtung A beschreibt den Lichteinfall auf die Netzhaut: Es handelt sich um einen inversen Aufbau der Netzhaut, das heißt, die Lichtsinneszellen liegen in der vom Glaskörper am weitesten abgewandten Schicht.
c) Nicht jede Lichtsinneszelle erhält eine ihr allein zugeordnete bipolare Nervenzelle, wie es im Gelben Fleck der Fall ist. Folglich muss es sich um einen Bereich außerhalb des Gelben Flecks handeln.

6 Signaltransduktion im Auge eines Menschen
a) Unter Signaltransduktion versteht man die Umsetzung eines Reizes in bioelektrische Signale wie Aktionspotenziale.
b) Unter dem Einfluss von zyklischem Guanosinmonophosphat (cGMP) werden die Na^+-Kanäle in der cytoplasmatischen Membran des Außensegments offen gehalten, Na^+-Ionen strömen ein und führen zu einer leichten Depolarisation der Membran. An der Synapse werden Transmitter ausgeschüttet.
c) Es handelt sich um eine Lichtsinneszelle im Dunkeln, das heißt ohne Lichteinwirkung. Bei Belichtung wäre das Rhodopsin aktiviert, ebenso lägen das Enzym PDE sowie Transducin in ihrer aktivierten Form vor. Das Rezeptorpotenzial hätte einen Wert von nahezu −70 Millivolt. Es käme nicht zur Transmitterausschüttung.

7 Innenohr
a) 1: äußere Haarsinneszelle; 2: Deckmembran; 3: innere Haarsinneszelle; 4: Basilarmembran; 5: fortleitende Nervenäste; 6: Hörnerv
b) Es ist im Wesentlichen der Bereich dargestellt, der die Sinneszellen umfasst (Cortisches Organ). Nicht dargestellt sind die drei Gänge Vorhofgang, Schneckengang und Paukengang.
c) Durch den Schalldruck vom ovalen Fenster wird die nicht zusammendrückbare Flüssigkeit in den Vorhofgang gegen den Schneckengang gedrückt. Dieser weicht nach unten aus und verdrängt die Flüssigkeit des Paukenganges in Richtung rundes Fenster. Beim Herabdrücken des Schneckenganges verschiebt sich die Basilarmembran in ihrer Lage zur Deckmembran. Dadurch werden die Härchen der Hörsinneszellen ausgelenkt. Es kommt zur Signaltransduktion: K^+-Kanäle werden geöffnet, K^+-Ionen strömen in die Haarsinneszellen, ein Rezeptorpotenzial wird ausgebildet.

8 Hypothalamus-Hypophyse

a) Der Hypothalamus ist Teil des Zwischenhirns.

b) Über den Hypothalamus ist das hormonelle System an das Zentralnervensystem gekoppelt. Neuronal, das heißt über Nervenzellen, wird die Aktivität des Hypophysenhinterlappens (HHL) beeinflusst, hormonell über Releasing-Hormone die Aktivität des Hypophysenvorderlappens (HVL).

c) Knochen: Wachstumshormon; Brustdrüse: Prolaktin; Nebennierenrinde: Corticotropin (ACTH); Schilddrüse: Thyreotropin (TSH); Keimdrüse: Follikel stimulierendes Hormon (FSH), Luteinisierendes Hormon (LH)

d) Es stellt die Verbindung zwischen dem auf neuronalen Mechanismen basierenden Kommunikationssystem Zentralnervensystem und dem auf hormoneller Übertragung basierendem Kommunikationssystem der Hormondrüsen her.

9 Regulation des Blutzuckergehaltes

a) Nach einer Mahlzeit steigen der Glucosegehalt und der Insulingehalt rasch an und fallen dann langsam wieder ab. Der Glucagongehalt steigt leicht an und fällt anschließend unter den Ausgangswert ab.

b) Nach einer Mahlzeit steigt der Glucosegehalt im Blut. Diese Konzentrationserhöhung wird von Glucoserezeptoren in der Bauchspeicheldrüse erfasst und in eine Ausschüttung von Insulin umgesetzt. Insulin induziert Vorgänge, die zu einer Absenkung des Blutzuckerspiegels führen. Gleichzeitig wird die Ausschüttung von Glucagon, das eine Mobilisierung von Glucose fördert, verringert.

c) Bei einem Zuckerkranken ist die Insulinproduktion und -ausschüttung verringert. Folglich werden auch die blutzuckersenkenden Mechanismen nicht in Gang gesetzt. Der Blutzuckerspiegel steigt heftig an und geht nur langsam wieder zurück (Glucoseverbrauch im Blut und in vom Blut durchflossenen Organen).

10 Adrenalin-Wirkungen

a) Durch Adrenalin wird in Muskeln Glykogen in Lactat abgebaut, in der Leber zu Glucose. Proteine werden in Aminosäuren zerlegt und diese dann zu Glucose umgebaut. Triglyceride werden in Glycerin und Fettsäuren zerlegt und diese anschließend im Ketonkörper abgebaut.

b) In einer Stresssituation ist es im Sinne des Flight or Fight-Prinzips vorrangig wichtig, dass für die Gehirn- und Muskeltätigkeit benötigte Glucose bereitgestellt wird. Die beschriebenen Wirkungen des Adrenalins dienen diesem Ziel.

11 Regulierung der Insulinausschüttung

a) Die Insulinausschüttung wird durch zu hohe Blutzuckerwerte in Gang gesetzt.

b) Glucose wird in die Zelle aufgenommen und abgebaut. Dabei wird ATP aufgebaut, das dann die ATP-sensiblen K^+-Ionenkanäle blockiert. Der herabgesetzte Ausstrom von K^+-Ionen führt zu einer Depolarisation der Zellmembran und damit zur Öffnung der Ca^{2+}-Kanäle. Ca^{2+}-Ionen strömen ein und stimulieren die Insulinausschüttung.

12 Stress und Lymphozytenzahl bei Tupaias

a) Dominante Tiere sind nur kurzfristig stressbedingt erregt. Ihre Schwanzsträubewerte gehen nach einer Auseinandersetzung rasch auf den Ausgangswert zurück.
Subdominante Männchen sind nach der Auseinandersetzung normal aktiv. Sie beobachten das dominante Tier fortlaufend und vermeiden eine Begegnung mit ihm. Im äußersten Fall verteidigen sie sich sogar. Sie können wochenlang überleben.
Submissive Männchen dagegen verkriechen sich. Nur zum Fressen und Trinken verlassen sie ihr Versteck. Sie wirken apathisch und depressiv. In der diesen Untersuchungen zugrunde liegenden Laborsituation überleben sie nur wenige Tage.

b) B: dominante Tiere; C: subdominante Tiere; D: submissive Tiere

13 Modellvorstellung zur Hormonwirkung

a) 1: Hormon; 2: membranständiger Hormonrezeptor; 3: Zellmembran

b) Es handelt sich um ein hydrophiles Hormon, das die lipophile Zellwand nicht durchdringen kann und stattdessen an ein membranständiges Rezeptormolekül andockt.

c) Das hydrophile Hormon dockt an den membranständigen Rezeptor an und aktiviert dadurch die Adenylatcyclase (A). Diese wiederum begünstigt den Abbau von ATP zu cAMP (B). cAMP leitet die spezifische Zellantwort ein, wie zum Beispiel die Herstellung eines Enzyms im Rahmen der Proteinbiosynthese.

Verhaltensbiologie

1 Grundlagen der Verhaltensbiologie

Seite 331

1. Der Begriff Verhalten umfasst neben äußerlich wahrnehmbaren, aktiven Bewegungen auch Körperhaltungen, Lautäußerungen und andere Kommunikationsformen sowie kurzfristige und umkehrbare Farb- und Formänderungen. Verhalten ist nach der Definition an Lebewesen gebunden (tote Gegenstände können sich nicht aktiv bewegen), und der Begriff bezieht sich nicht nur auf Tiere und Menschen, sondern auch auf Pflanzen.
Es ist außerordentlich schwer, den Begriff Verhalten eindeutig zu definieren. Verhält sich ein Mensch, dessen Körpergeruch das Verhalten eines anderen Menschen beeinflusst? An solch einem Beispiel wird sichtbar, dass es Grenzfälle gibt, die sich nicht eindeutig zuordnen lassen.

Seite 333

1. Proximate Ursachen beziehen sich auf die Mechanismen der Verhaltensentwicklung und der Verhaltenssteuerung, ultimate Ursachen dagegen auf die Funktion des Verhaltens (seinen biologischen „Zweck"). Fragen nach proximaten Ursachen sind „Wie-Fragen" (Wie funktioniert etwas?), Fragen nach ultimaten Ursachen im engeren Sinne „Warum-Fragen" (Warum gibt es etwas, das so und nicht anders funktioniert?).
Zusatzinformation: Mit proximaten Ursachen des Verhaltens beschäftigen sich Disziplinen wie die Neurobiologie, die Verhaltensphysiologie oder die Verhaltensgenetik, aber auch die Psychologie und die Soziologie. Die Suche nach ultimaten Ursachen ist die Domäne der evolutionsbiologisch orientierten Verhaltensökologie einschließlich der Soziobiologie.
Die historisch bedingte Trennung in naturwissenschaftliche (Verhaltensbiologie) und geistes- beziehungsweise sozialwissenschaftliche (Psychologie und Soziologie) Verhaltenswissenschaften ist zumindest im Fall der Psychologie weitgehend aufgehoben: Verhaltensbiologen haben seit langem Erkenntnisse von Psychologen (auch und vor allem jene der Behavioristen) in ihr Lehrgebäude integriert, und für die Psychologie gilt dasselbe umgekehrt. Deutlich wird dies an Teildisziplinen wie der „Biologischen Psychologie", der „Vergleichenden Psychologie" und der erst in den letzten Jahren entstandenen „Evolutionären Psychologie".

2 Mechanismen der Verhaltensentwicklung

Seite 338

1. Was Lebewesen lernen und wie leicht sie etwas lernen, ist wesentlich von genetischen Anlagen abhängig. Affen und Menschen entwickeln beispielsweise sehr schnell eine dauerhafte Schlangenphobie, wenn sie einen Artgenossen beobachten, der sich scheinbar vor einer Schlange fürchtet, während sie eine ähnliche Furcht vor harmlosen Objekten nicht lernen. Das Fehlen einer angeborenen Lerndisposition ist dafür verantwortlich, dass es ausgesprochen mühsam ist, Kindern beizubringen, sich vor Autos in Acht zu nehmen: Auch wenn bekannt ist, dass durch Autounfälle mehr Menschen ums Leben kommen als durch Schlangenbisse, erzeugen Autos kein Angstgefühl.

3 Mechanismen der Verhaltenssteuerung

Seite 345

1. Nur ein geringer Teil der ständig auf jedes Lebewesen einströmenden Informationen aus der Umwelt wird tatsächlich wahrgenommen und vom Nervensystem verarbeitet. Durch periphere Reizfilterung werden bestimmte physikalische oder chemische Umweltreize von speziellen Rezeptoren in neuronale Signale (elektrische Erregung) umgewandelt, die dann durch zentrale Reizfilterung im Gehirn weiterverarbeitet werden.

Seite 346 bis 347

EXKURS: Schlüsselreize, Auslöser und Signale

1. Stichlinge reagieren auf rotbäuchige Rivalen in der Nähe ihres Nestes aggressiver als auf blassere Männchen, die von den Weibchen als Fortpflanzungspartner eher gemieden werden und daher den eigenen Fortpflanzungserfolg weniger gefährden. Blassere Männchen flüchten häufiger vor rotbäuchigen Rivalen, als diese anzugreifen. Das Verhalten der Tiere ist demnach von mehreren situationsbedingten Faktoren abhängig: dem eigenen Zustand, dem Zustand des anderen Männchens und der Nähe des Rivalen zum eigenen Nest. Darüber hinaus können auch Weibchen angegriffen werden, die bereits abgelaicht haben und sich dem Nest nähern. Der Anblick eines roten Bauches allein löst also keine automatische Reaktion aus.

4 Verhaltensökologie

Seite 354

1. TINBERGENs Beobachtung, dass „immer Lachmöwen da waren, die sich bevorzugt von schlüpfenden oder noch feuchten Küken ernährten", ist mit der Hypothese, dass das Verhalten der Lachmöwen der Arterhaltung dient, nicht vereinbar: Das Töten und Fressen von Jungtieren der eigenen Art dient zweifellos nicht der Arterhaltung.
Zusatzinformation: In der Originalarbeit sprach TINBERGEN von „diebischen Nachbarn", eine recht euphemistische Bezeichnung. LORENZ hatte 1955 „das Töten von Artgenossen im Sinne der Arterhaltung höchst unzweckmäßig" genannt (vergleiche Seite 359 des Schülerbandes; zum Thema Infantizid siehe auch Seite 366).

Seite 365

1. Für Männchen, die sich ein sexuelles Monopol auf mehrere Weibchen sichern wollen beziehungsweise können, entstehen sowohl Kosten als auch Nutzen: Kosten entstehen beispielsweise durch hohen Energieaufwand etwa beim Röhren der Hirsche oder durch Verletzungen, die sich Männchen in Kämpfen zuziehen. Der Nutzen lässt sich in der Anzahl der Nachkommen messen. Ein Männchen, das sich den Zugang zu vielen Weibchen sichern kann, wird auf Kosten seiner weniger erfolgreichen Konkurrenten viele Nachkommen zeugen und damit einen hohen Fitnessgewinn erzielen.
Zusatzinformation: Für Weibchen sind Kosten und Nutzen der Polygynie von äußeren Umständen abhängig. Untersuchungen an Heckenbraunellen (vergleiche Seite 366 des Schülerbandes) ergaben, dass polygyn verpaarte Weibchen einen geringeren Fortpflanzungserfolg verzeichneten als monogam oder polyandrisch verpaarte Weibchen. Ähnliche Daten existieren auch aus menschlichen Gesellschaften. Eine theoretische Annäherung an das Problem bietet das so genannte Polygynie-Schwellenmodell.

Seite 370

AUFGABEN: Verhaltensbiologie

1 Schlüsselreize

a) In der 1947 durchgeführten Versuchsserie fanden TINBERGEN und PERDECK, dass die Küken am häufigsten gegen eine Attrappe mit schwarzem Fleck pickten, gefolgt von der Attrappe mit dem roten Fleck und letztlich der mit blauem Fleck. In der 1948 durchgeführten Versuchsserie wurde die Attrappe mit dem roten Fleck am häufigsten angepickt. Allerdings wurden alle anderen Attrappen ebenfalls angepickt, und der rot-weiß gestreifte Stab löste sogar noch mehr Pickreaktionen aus als die Schnabelattrappe mit dem roten Fleck. EYPASCH fand in ihrer Untersuchung ebenfalls keine eindeutige Bevorzugung von Attrappen mit rotem Fleck („Standard"): Nur etwas mehr als die Hälfte der Küken entschied sich, zur „Standardattrappe" zu laufen.

b) TINBERGEN und PERDECK hielten jedem der aus dem Nest genommenen Küken nacheinander verschiedene Schnabelattrappen hin und zählten die jeweiligen Pickreaktionen („Sukzessivmethode"). EYPASCH stellte die Küken vor die Wahl, zu einer von zwei verschiedenen Attrappen zu laufen, die sich in jeweils 55 Zentimetern Entfernung vom Küken befanden („Simultanmethode"). Beide Untersuchungen bedienten sich also nicht nur unterschiedlicher Methoden, sondern untersuchten auch unterschiedliche Verhaltensweisen (Picken beziehungsweise Zuwenden). Darüber hinaus unterscheiden sich die beiden Untersuchungen in einem weiteren wichtigen Punkt: Während EYPASCH in ihrer Untersuchung Lerneffekte ausschließen konnte (die Küken waren im Brutschrank geschlüpft und hatten somit keinen Kontakt zu erwachsenen Silbermöwen; durch die Simultanmethode waren Konditionierungseffekte ausgeschlossen), war dies in der Untersuchung von TINBERGEN und PERDECK nicht der Fall (die Küken waren im Freiland geschlüpft und hatten bereits Kontakt zu ihren Eltern; die Sukzessivmethode schloss Konditionierungseffekte nicht aus).
Zusatzinformation: D. FRANCK hat 1966 in einer Arbeit über die Pickreaktion von Möwenküken sowohl die Sukzessivmethode als auch die Simultanmethode angewandt und kam zu weitgehend identischen Ergebnissen (vergleiche EIBL-EIBESFELDT 1999, Seite 164 und NEUMANN 1994, Seite 251).

KUENZER und andere kritisieren die von EYPASCH angewandte Methode als grundsätzlich fehlerhaft, da hier nicht die Schlüsselreizhypothese von TINBERGEN und PERDECK getestet worden sei, sondern die Hypothese, dass Silbermöwenküken ein „angeborenes Bild" ihrer Eltern besitzen, was zweifellos nicht der Fall ist, TINBERGEN und PERDECK aber auch nicht angenommen hatten (vergleiche KUENZER 1994 und KUENZER 2001). Heftig kritisiert wurde zudem, dass die Küken nach dem Schlüpfen zwei Tage im Dunkeln gehalten wurden – eine völlig unnatürliche Situation.

c) Die Ergebnisse von EYPASCH zeigen, dass Silbermöwenküken kein „angeborenes Bild" ihrer Eltern besitzen, aber durch operante Konditionierung („Lernen am Erfolg") sehr schnell lernen, woher sie Futter erhalten. Ähnliches trifft auf die auf Seite 346 im Schülerband beschriebenen Versuche mit Truthahnküken zu: Sie besitzen kein „angeborenes Feindbild", lernen aber sehr schnell, von welchen Objekten ihnen keine Gefahr droht.

d) Eine überzeugende Unterstützung der Hypothese, dass der rote Fleck am Silbermöwenschnabel Schlüsselreizcharakter hat, liefern weder die Ergebnisse von TINBERGEN und PERDECK noch die von EYPASCH.

Zusatzinformation: Die Ergebnisse von EYPASCH und vor allem das nachfolgend von ZIPPELIUS publizierte Buch „Die vermessene Theorie" haben in der Schulbiologie zu einer nachhaltigen Verunsicherung über die Validität ethologischer Untersuchungsergebnisse und Theorien geführt. Da sich die nachfolgende Aufgabe ausdrücklich mit dieser Gesamtproblematik beschäftigt, folgen hier nur einige Anmerkungen zur Schlüsselreizproblematik. Die Schlüsselreizkontroverse dürfte nur schwer durchschaubar sein, da man mit sehr unterschiedlichen Aussagen konfrontiert wird: Nach LAMPRECHT spielen Begriffe wie Schlüsselreiz „in der Forschung seit Jahrzehnten keine praktische Rolle mehr" (vergleiche LAMBPRECHT 1997, Seite 1). Nach ZIPPELIUS „kommt der Schlüsselreiztheorie nur noch eine sehr eingeschränkte Bedeutung zu" (vergleiche ZIPPELIUS 1992, Seite 5). Nach KUENZER hat sich dagegen das Schlüsselreizkonzept der Klassischen Ethologie „auch aus heutiger Sicht ohne jeden Zweifel als tragfähig erwiesen" (vergleiche KUENZER 1994, Seite 60).

Im Schülerband wird der Schlüsselreizbegriff problematisiert (vergleiche Seite 345 ff. und Seite 372 ff.), da Schlüsselreize keineswegs grundsätzlich und automatisch „formstarre" und „artspezifische Instinkthandlungen" auslösen. In der aktuellen Forschung ist der Schlüsselreizbegriff weitgehend durch den Signalbegriff ersetzt worden: Die biologische Signaltheorie definiert ein Signal als ein Merkmal, das einzig der Informationsübermittlung dient. Dabei bleibt offen, ob die Reaktion auf ein Signal angeboren ist oder nicht.

Signale sind nach dieser Definition sowohl der rote Bauch des männlichen Stichlings als auch der rote Fleck am Silbermöwenschnabel. TINBERGEN und PERDECK schrieben zu letzterem in ihrer Originalarbeit: "As far as we can see, only the mew call [„Katzenschrei"] and the red patch can claim this title (social releaser), because so far we know the releasing function is their only, or at least their main function" (vergleiche KUENZER 1994). Offen bleiben muss nach KUENZER, „ob die Auslösewirkung des Schnabelflecks spezifisch an die Farbqualität ‚rot' oder nur ganz allgemein an eine Kontrastverstärkung beziehungsweise Auffälligkeitserhöhung gebunden ist". Gestützt wird diese Aussage dadurch, dass auch andersfarbige Flecken Pickreaktionen auslösten. Ist es also Zufall, dass der Fleck rot ist? Dagegen spricht die Tatsache, dass Vogelblumen generell rot sind (vergleiche S. 417 des Schülerbandes). Das visuelle System der Vögel scheint demnach ebenso wie das trichromatische System des Menschen und anderer Primaten speziell an die Wahrnehmung der Farbe Rot beziehungsweise an die Unterscheidung zwischen Rot und Grün angepasst zu sein, und der rote Schnabelfleck dürfte ebenso wie die Vogelblumen speziell an das visuelle System der Vögel angepasst sein (Koevolution).

Das hochgradig flexible und kontextabhängige Verhalten männlicher Stichlinge gegenüber rotbäuchigen Rivalen oder entsprechenden Attrappen stützt das klassische Schlüsselreizkonzept zweifellos nicht. Entsprechend sind manche Autoren der Ansicht, dass das Stichlingsbeispiel im Unterricht nicht mehr verwendet werden sollte (vergleiche NEUMANN 1994). Jedoch eignet sich das Stichlingsbeispiel hervorragend, um im Unterricht die biologische Bedeutung von Signalen zu behandeln und das klassische Schlüsselreizkonzept zu hinterfragen (vergleiche S. 346 f. im Schülerband). Darüber hinaus stützt eine wesentliche Komponente des Schlüsselreizkonzeptes: Die Präferenz weiblicher Stichlinge für möglichst rotbäuchige Männchen beruht nicht auf Verstärkung oder anderen Lerneffekten, sondern ist eindeutig angeboren, hat also eine genetische Grundlage: Weibchen haben nämlich keinen direkten Vorteil davon, sich mit einem rotbäuchigen Männchen zu paaren; sie profitieren indirekt über „gute Gene" für ihre Nachkommen.

Literatur:
• EIBL-EIBESFELDT, I. 1999: Grundriss der vergleichenden Verhaltensforschung. Piper, München.
• LAMPRECHT, J. 1997: Das Konzept „Verhaltensbiologie im Unterricht". In: Biologen heute 431: 1–2.
• KUENZER, P. 1994: Das Schlüsselreizkonzept der klassischen Ethologie aus heutiger Sicht. In: G.-H. NEUMANN & K. H. SCHARF (Hrsg.), Verhaltensbiologie in Forschung und Unterricht. Ethologie,

Soziobiologie, Verhaltensökologie. Aulis Verlag Deubner, Köln, S. 36–62.
- KUENZER, P. 2001: Erkennen (III): Die Auslösung von zwei Reaktionen bei jungen Silbermöwen. In: J. JAENICKE (Hrsg.), Materialien-Handbuch Kursunterricht Biologie. Band 8: Verhaltensbiologie. Aulis Verlag Deubner, Köln, S. 43–49.
- NEUMANN, G.-H. 1994: Behandlung der Verhaltensbiologie in beiden Sekundarstufen. In: G.-H. NEUMANN & K. H. SCHARF (Hrsg.), Verhaltensbiologie in Forschung und Unterricht. Ethologie, Soziobiologie, Verhaltensökologie. Aulis Verlag Deubner, Köln, S. 247–292.
- ZIPPELIUS, H.-M. 1992: Die vermessene Theorie. Vieweg, Braunschweig, Wiesbaden.
- ZIPPELIUS, H.-M. 1992: Schlüsselreize – ja oder nein? Ergebnisse von Attrappenversuchen zum Bettelverhalten von Silbermöwenküken. In: Biologie heute 397: 1–5.

2 Klassische Ethologie – Theorie ohne Wert?
a), b)

Hypothese	Gestützt?	Seite im Schülerband
Verhalten hat eine evolutionsbiologische Grundlage.	ja	330
Vieles im Verhalten von Tieren und Menschen ist angeboren.	ja	333
Verhalten dient der Arterhaltung.	nein	333
„psychohydraulisches Instinktmodell"	nein	350
Triebtheorie der Aggression	nein	351
Tiere verfügen über eine angeborene innerartliche Tötungshemmung.	nein	359

c) Die Aussage, „die Ethologische Theorie sei in sich zusammengefallen, da die dieser Theorie zu Grunde liegenden Hypothesen sich nicht bestätigen ließen", ist in ihrer Pauschalität falsch. Einige Annahmen, darunter durchaus auch so zentrale wie das Konzept der „arterhaltenden Zweckmäßigkeit", sind widerlegt; die eigentliche Grundhypothese der Klassischen Ethologie war jedoch die Aussage, dass Verhalten ein Produkt der Evolution durch natürliche Selektion im weitesten Sinne ist und damit auch eine genetische Grundlage hat. Diese Hypothese ist heute durch zahlreiche Befunde sowohl aus der Verhaltensökologie als auch aus der Verhaltensgenetik gestützt.
Hinweis: Die Quelle des Zitats ist folgendes Werk: VON FALKENHAUSEN, E. 2000: Biologieunterricht – Materialien zur Wissenschaftspropädeutik. Aulis Verlag Deubner, Köln.

3 Sprachverwirrung in der Soziobiologie?
a) Im obigen Zitat wird Altruismus mit „bewusstem selbstlosen Tun des Menschen" gleichgesetzt. Ob auch egoistisches Verhalten nach dieser Definition nur dann egoistisch ist, wenn es aus bewussten Motiven erfolgt, bleibt offen. Für Soziobiologen spielen die Motive, deretwegen ein Tier oder Mensch etwas tut, dagegen keine Rolle. Sie beschränken sich auf die funktionelle Ebene: Altruismus ist definiert als ein Verhalten, das für den Ausführenden mit Kosten verbunden ist, dem Empfänger jedoch nützt. Egoismus ist definiert als ein Verhalten, das dem Ausführenden Fitnessvorteile bringt und für andere Individuen mit Fitnessnachteilen verbunden ist. Kosten und Nutzen beziehen sich jeweils auf die direkte Fitness der beteiligten Individuen (vergleiche Seite 361 im Schülerband).
Hinweis: Die Quelle des Zitats ist folgendes Werk: VON FALKENHAUSEN, E. 1989: Unterrichtspraxis zum wissenschaftspropädeutischen Biologieunterricht. Aulis Verlag Deubner, Köln.

b) Selbstverständlich lassen sich diese Begriffe nicht nur auf menschliches Verhalten anwenden, sondern auch auf das von Tieren. Setzt man voraus, dass selbstloses oder egoistisches Verhalten an bewusste Motive gebunden ist, gerät man nicht nur bei Tieren in Schwierigkeiten, sondern auch bei Menschen: Vieles, was Menschen tun, beruht zweifellos nicht auf bewussten Motiven.
Zusatzinformation: Die Frage, ob Tiere ein Bewusstsein haben, ist alt, beschäftigte aber die Verhaltensforschung lange Zeit nicht: Innere Zustände wie Bewusstsein oder Emotionen gehörten nicht zum Forschungsbereich der Ethologen, die ebenso wie die Behavioristen eine objektive Verhaltensforschung auf naturwissenschaftlicher Basis anstrebten. Heute beschäftigen sich die Neurobiologie und die Vergleichende Psychologie mit der Frage, welche Bewusstseinszustände bei welchen Tieren zu finden sind (vergleiche Seite 352 f. im Schülerband).

c) Die sprachliche Verkleinerung durch die Silbe „chen" drückt eine Bewertung aus: Männliche und weibliche Paviane werden unterschiedlich bewertet. Im menschlichen Bereich bezeichnet man eine solch unterschiedliche Bewertung der Geschlechter als „Sexismus".
„Mann" und „Frau" sind Begriffe, die aus dem menschlichen Bereich stammen und in den Augen vieler mehr implizieren als das biologische Geschlecht; im Englischen wird dieser Unterschied durch die Begriffe „sex" und „gender" ausgedrückt. Die Verwendung von Begriffen wie „Mann" und „Frau" auf Tiere ist demnach ein zumindest fragwürdiger Anthropomorphismus.
Hinweis: Die Quelle des Zitats ist folgendes Werk: VON FALKENHAUSEN, E. 2000: Biologieunterricht – Materialien zur Wissenschaftspropädeutik. Aulis Verlag Deubner, Köln.

PRAKTIKUM: Verhaltensbiologie

1 Verhaltensbeobachtungen an Haus- oder Zootieren

Zusatzinformation: Die Erstellung eines Arbeitsethogramms, also einer Liste jener Verhaltenselemente, die für die Klärung einer bestimmten Fragestellung relevant sind, ist unabdingbare Voraussetzung jeder ethologischen Arbeit. Arbeitsethogramme sind an die Art der jeweiligen Fragestellung angepasst: Jemand, der sich für Nahrungserwerb interessiert, wird Verhaltensweisen, die mit Nahrungserwerb im Zusammenhang stehen, viel vollständiger, genauer und differenzierter registrieren als jemand, der beispielsweise über Kommunikation arbeitet.

Für Anfänger bietet es sich an, einen relativ offenen Katalog von Verhaltenseinheiten zu erstellen, der bei Bedarf jederzeit ausgebaut oder auch reduziert werden kann. Dabei besteht für die Schülerinnen und Schüler das erste und zentrale Lernziel darin, Verhaltensweisen als wiederkehrende Abläufe zu erkennen, sie zu beschreiben, sie möglichst deutungsfrei zu benennen und sie zu definieren. Verhaltenselemente sollten nach wahrnehmbaren Formmerkmalen oder klar erkennbaren Konsequenzen benannt werden. Die jeweiligen Verhaltenseinheiten in dieser Arbeitsphase bestimmten Funktionskreisen zuzuordnen, wäre rein spekulativ: Was das beobachtete Individuum „will", oder welche Funktion das beobachtete Verhalten hat, ist in diesem Stadium der Arbeit unbekannt.

Sinnvoll ist es allerdings, Kategorien wie „Zustände" und „Ereignisse" oder „auf Artgenossen gerichtetes Verhalten" (Sozialverhalten) und „nicht auf Artgenossen gerichtetes Verhalten" zu bilden, nicht zuletzt um deutlich zu machen, dass es immer Abgrenzungsprobleme gibt: Soll man „Sich Kratzen" als Ereignis oder als Zustand werten? Ist „Gähnen" ein auf Artgenossen gerichtetes Verhalten oder nicht?

In der Fachwissenschaft haben sich in den letzten 30 Jahren bestimmte methodologische Standards bezüglich der Technik der quantitativen Verhaltensregistrierung durchgesetzt. Im *Verlaufsprotokoll* kann festgehalten werden, was ein Individuum während einer in der Regel vorher festgelegten Zeitspanne tut. Bei der „*Intervall-Methode*" wird in regelmäßigen Zeitintervallen registriert, in welchem Zustand sich das beobachtete Individuum (es können auch mehrere sein) jeweils befindet. Die auf diese Weise erhobenen „Intervallhäufigkeiten" sind kein Maß für die Dauer bestimmter Aktivitäten, liefern aber einen Schätzwert für den relativen Zeitanteil jeder Aktivität am Gesamtverhalten. Mit der „*Ereignismethode*" schließlich lässt sich die Häufigkeit bestimmter, vorzugsweise auffälliger Verhaltensweisen (Ereignisse) pro Zeiteinheit registrieren. Statistisch verwertbare Ergebnisse liefert die Ereignismethode nur, wenn sämtliche Ereignisse erfasst werden. Werden mehrere Individuen gleichzeitig beobachtet, ist dies häufig nicht der Fall, etwa weil manche Individuen auffälliger sind als andere. In diesem Fall spricht man von der „*ad libitum Methode*", mit der – mehr oder weniger systematisch – bestimmte Verhaltensdaten von bestimmten oder allen Mitgliedern einer Gruppe gesammelt werden. Welche Methode wann am sinnvollsten eingesetzt wird, ist sowohl von der jeweiligen Fragestellung als auch von den jeweiligen Beobachtungsbedingungen abhängig.

Die im Praktikum vorgestellte Technik – eine Kombination aus Verlaufsprotokoll und Intervallmethode – ist eine universell einsetzbare Methode, die auch „*Fokustiermethode*" genannt wird (engl. *focal animal sampling*): Im Fokus der Beobachter steht jeweils ein Individuum für eine bestimmte, meist vorher festgesetzte Zeitdauer.

Auf jeden Protokollbogen gehört ein Kopf (im abgebildeten Musterprotokollbogen nicht gezeigt), der Angaben über den Protokollanten, das beobachtete Individuum, das Datum, die Uhrzeit und gegebenenfalls über das Wetter und andere, das Verhalten des Tieres möglicherweise beeinflussende Umstände (zum Beispiel Fütterung) enthält. Eine alternative, in der aktuellen Forschung seltener verwendete Datenerhebungsmethode ist die so genannte „*Eins-Null-Methode*": Innerhalb eines vorgegebenen Zeitintervalls wird jeweils einmal registriert, ob eine Verhaltensweise auftritt (*Eins*) oder nicht (*Null*). Für den Schulunterricht bietet die Methode den Vorteil, dass man hier einen vorab erarbeiteten Verhaltenskatalog integrieren kann, sodass die Schülerinnen und Schüler nur ankreuzen müssen, ob die jeweilige Verhaltensweise innerhalb einer Minute (länger sollte das Zeitintervall nicht sein) auftritt.

Tipps für die Durchführung: Das benötigte Arbeitsethogramm sollte im Unterrichtsgespräch entwickelt werden. Den Schülerinnen und Schülern sollte deutlich werden, wozu der Verhaltenskatalog dient: den Strom des Verhaltens in einzelne, voneinander abgrenzbare und klar definierbare Verhaltenselemente zu zerlegen. Bezeichnungen für einzelne Verhaltensweisen sollten die Schülerinnen und Schüler selbst finden. Beispiele für einzelne Verhaltensweisen sind:

Ruhen: Sitzen oder Liegen mit geschlossenen Augen (Zustand)

Fressen: Aufnahme von fester Nahrung mit dem/in den Mund (Zustand; Achtung: Bei Tieren, die Backentaschen besitzen, ist nicht immer eindeutig, ob die Nahrung tatsächlich auch gleich hinuntergeschluckt wird.)

Annähern: Das Fokustier nähert sich einem Artgenossen bis auf eine Körperlänge oder Armreichweite an (Ereignis; Achtung: Hier ist aktives und passives Annähern zu unterscheiden.)
Körperkontakt aufnehmen: Das Fokustier nähert sich einem Artgenossen an und nimmt Körperkontakt auf.
Weitere einfache Verhaltensweisen wie *Entfernen* oder *Körperkontakt abbrechen* können entsprechend definiert werden.
Eine wichtige und für die Schülerinnen und Schüler leicht erkennbare Verhaltenseinheit aus dem Verhaltensrepertoire der Primaten ist das „Lausen", in der Fachwissenschaft Grooming genannt. Man unterscheidet zwischen *Allogrooming*: Tier A „laust" Tier B und *Autogrooming*: Tier „laust" sich selbst.
Die genannten Beispiele stellen nur eine von mehreren sinnvollen Möglichkeiten dar, einen Verhaltenskatalog zu erstellen. Wie der Verhaltenskatalog letztlich aussieht, hängt von der beobachteten Tierart ab. Grundsätzlich sollte er sich auf relativ wenige, für die Schülerinnen und Schüler leicht identifizierbare Elemente beschränken. Um ein Zeitbudget zu erstellen, genügt es in der Regel, nur wenige Kategorien zu erfassen (Fressen, Ruhen, Lokomotion, Sozialkontakt).
Die vorgeschlagene zehnminütige Beobachtungsdauer ist bis zu einem gewissen Grad willkürlich: Sie ermöglicht es, innerhalb kurzer Zeit das Verhalten mehrerer verschiedener Individuen zu protokollieren. Bei der Datenaufnahme kann es sich als sinnvoll erweisen, wenn jeweils zwei Schülerinnen und Schüler zusammenarbeiten: Einer beobachtet, der andere protokolliert.
Literatur:
LAMPRECHT, J. 1999: Biologische Forschung: Von der Planung bis zur Publikation. Filander Verlag, Fürth.
LAMPRECHT, J., LANGLET, J. & SCHRÖDER, E. 2002: Verhaltensbiologie im Unterricht: neue Ergebnisse – neue Konzepte. Band 1: Verhaltensökologie. Aulis Verlag Deubner, Köln.
SIEGEL, S. 1976: Nichtparametrische statistische Methoden. Fachbuchhandlung für Psychologie, Frankfurt am Main.
a) Für jede der als Zustände definierten Verhaltensweisen sind in einem ersten Auswertungsschritt die jeweiligen Intervallhäufigkeiten in Prozent der Gesamtbeobachtungszeit jedes Individuums zu ermitteln. Von diesen Daten wird anschließend der Mittelwert gebildet. Das Ergebnis ist ein Verhaltensprofil: Im Mittel haben die Tiere vielleicht 30 Prozent ihrer Zeit mit Fressen, 40 Prozent mit Ruhen und den Rest der Zeit mit anderen Verhaltensweisen verbracht.
b) –
c) Um den Tagesablauf der Tiere quantitativ erfassen zu können, müsste man die Beobachtungszeit auf den gesamten Tag von Sonnenaufgang bis Sonnenuntergang ausdehnen. Dazu ist es nicht unbedingt notwendig, ein Tier oder mehrere fortlaufend über den ganzen Tag hinweg zu beobachten. Stattdessen könnte man bestimmte Zeitblöcke (am Morgen, am Vormittag, …) definieren, innerhalb derer jedes Individuum mindestens einmal für eine bestimmte Zeit beobachtet werden sollte. Auf diese Weise ist es möglich, herauszufinden, ob sich das Verhalten der Tiere mit dem Tagesablauf verändert.
d) –
e) Um besser beurteilen zu können, ob es bei den erfassten Verhaltensweisen geschlechtstypische Unterschiede gibt, empfiehlt es sich, zunächst für Männchen und Weibchen getrennt Mittelwerte zu berechnen. Zur statistischen Absicherung eignet sich der so genannte Mann-Whitney U-Test.

2 Klassische Konditionierung

a) –
b) –
c) Die Kurvenverläufe für jüngere und ältere Versuchspersonen sollten jenen im dargestellten Beispieldiagramm ähneln: Bei jüngeren Versuchspersonen erfolgt der Erwerb der bedingten Reaktion rascher als bei älteren. Geschlechtstypische Unterschiede sind dagegen nicht zu erwarten. Die Kurvenverläufe für männliche und weibliche Versuchspersonen sollten weitgehend identisch sein.
d) Die Frage kann nicht eindeutig mit Ja oder Nein beantwortet werden. Für zahlreiche Lernprozesse ist nachgewiesen, dass sie altersabhängig sind. Bekannteste Beispiele sind die Prägung beziehungsweise prägungsähnliche Lernvorgänge (vergleiche Seite 339 im Schülerband) oder auch das Erlernen von Sprachen (vergleiche Seite 338 im Schülerband). Andere Beispiele kennt jeder aus dem Alltagsleben: Während es Erwachsenen oft sehr schwer fällt, neue technische Geräte zu bedienen, lernen Kinder und Jugendliche dies sehr schnell.
Zusatzinformation: Proximate Ursache für die erhöhte Lernfähigkeit im Kindheits- und Jugendalter ist das noch unfertige Gehirn: Die nachgeburtliche Entwicklung der menschlichen Großhirnrinde besteht vor allem in einer explosionsartigen Zunahme an Dendriten und Synapsen, von denen ein großer Teil in der frühen Kindheit und Jugend wieder abgebaut wird. Man geht heute davon aus, dass Lernen auf der Bildung und Veränderung derartiger neuronaler Schaltkreise sowie der Veränderung der Übertragungseigenschaften von Synapsen beruht. Beim Menschen ist dieser Prozess um das zwanzigste Lebensjahr weitgehend abgeschlossen. Der Satz „Was Hänschen nicht lernt, lernt Hans nimmermehr" hat also weitreichende Gültigkeit. Dies bedeutet natürlich nicht, dass ältere Personen nicht mehr lernfähig wären. Tatsächlich haben diese gegenüber jüngeren in mancher Hinsicht sogar Vorteile: Sie können bei der Lösung von Problemen Erfahrungen heranziehen, die sie

in anderen Kontexten gemacht haben. Gleichzeitig fördert dies jedoch die Tendenz, Lösungsstrategien, die sich einmal als erfolgreich erwiesen haben, immer wieder anzuwenden (eingefahrene Denkgewohnheiten), während neue, kreative Lösungswege weniger leicht gefunden werden.

e) Zur Löschung der bedingten Reaktion muss die konditionierte Versuchsperson mehrmals hintereinander nur mit dem akustischen Reiz konfrontiert werden. Auch hier ist zu erwarten, dass die Löschung bei jüngeren Versuchspersonen schneller erfolgt als bei älteren. Geschlechtsunterschiede sind wiederum nicht zu erwarten.

Evolutionsbiologie

1 Entwicklung des Evolutionsgedankens

–

2 Belege für die Evolutionstheorie

Seite 377

1. In der Natur kommen etwa 300 verschiedene Taubenarten vor. Aus der Felsentaube hat der Mensch im Laufe weniger Jahrhunderte zusätzlich etwa 200 verschiedene Rassen der Haustaube gezüchtet, die als Haustiere gehalten werden. Durch künstliche Auslese (Zuchtwahl) entstanden über viele Generationen Rassen, die in der Natur nicht vorkommen. Die Brieftaube hat noch große Ähnlichkeit mit der Felsentaube. Mutanten, die besondere Veränderungen im Gefieder oder in der Körperform aufwiesen, wurden gezielt miteinander zur Fortpflanzung gebracht. Durch diese Züchtung entstanden über Zwischenformen, deren erstmaliges Auftreten häufig anhand schriftlicher Aufzeichnungen genau datiert werden kann, neue Rassen mit vorher nicht vorhandenen Merkmalsausprägungen. Besonders starke Veränderungen in der Befiederung zeigen beispielsweise die Perückentaube, die Pfauentaube und die Trommeltaube. Bei Kropftaube und Dragonertaube kam es zu einer auffallenden Veränderung in der Körpergestalt. Die Züchtungserfolge bei den Taubenrassen belegen die Veränderlichkeit von Arten. Wie bei den Rassen der Hühner oder der Hunde sind allerdings alle Formen noch miteinander kreuzbar. Neue Arten sind durch die Tierzucht bisher nicht entstanden.
2. Die heutigen Weizenarten entstanden in mehreren Schritten aus verschiedenen Ursprungsarten durch Bastardierung (Kreuzung), anschließende Polyploidisierung (Verdopplung des Genoms: Allopolyploidie) sowie weitere Züchtungen von Mutanten mit Eigenschaften, die sich hinsichtlich der Nutzung durch den Menschen als günstig erwiesen. Die wichtigsten Schritte bei der Entstehung des Kulturweizens sind der Abbildung 377.2 im Schülerband zu entnehmen.
Die wirtschaftlich wichtigen Weizenarten, von denen zusätzlich unterschiedliche Sorten gezüchtet wurden, zeichnen sich unter anderem durch besonders große Ähren, feste Ährenachsen sowie stärkereiche Körner aus. Durch gezielte Kreuzung versucht man immer neue Weizensorten mit besonderen Eigenschaften zu gewinnen. So gelang es beispielsweise Sommerweizen zu züchten, der in weniger als drei Monaten zur Reife kommt. Solche Sorten werden zum Beispiel in Gebieten Kanadas angebaut, in denen zeitige Fröste schon im August oder September früher den Weizenanbau unmöglich machten.

Seite 379

1. Eine vereinfachende Übersicht über die Entwicklung des Lebens, die auch die Abstammungsverhältnisse zwischen einigen Großgruppen der Lebewesen berücksichtigt, ist der Abbildung 379.1 im Schülerband zu entnehmen. Die Dicke der Balken zeigt die relative Artenhäufigkeit in den verschiedenen Abschnitten der Erdgeschichte.
Aus dem Präkambrium sind vor allem Fossilien von einzelligen Lebewesen bekannt, unter anderem Bakterien, Algen, tierische Einzeller beziehungsweise Protisten (vergleiche Seite 445 im Schülerband). Erst in den jüngeren Schichten des Präkambriums finden sich auch vermehrt Vielzeller, beispielsweise Gliedertiere, Weichtiere und Stachelhäuter. Im Kambrium sind mit Ausnahme der höheren Pflanzen und der Wirbeltiere bereits alle Großgruppen der Lebewesen vorhanden. Die Evolution der Wirbeltiere vollzog sich in mehreren Schritten im Erdaltertum und im Erdmittelalter. Die Vögel stellen dabei den jüngsten Zweig der Entwicklungsgeschichte dar. Sie entstanden aus einer bestimmten Gruppe der Kriechtiere im Jura. Auch die Entwicklung der höheren Pflanzen vollzog sich erst verhältnismäßig spät in der Erdgeschichte.
Der Grafik ist weiter zu entnehmen, dass mehrere systematische Gruppen eine oder mehrere Blütezeiten während der Erdgeschichte hatten und anschließend durch andere Lebensformen teilweise wieder verdrängt wurden, zum Beispiel Farne, Hohltiere, Stachelhäuter und Kriechtiere. Andere systematische Gruppen erreichten erst in den jüngsten Abschnitten der Erdgeschichte ihre größte Artenvielfalt, etwa die Bedecktsamer, die Gliederfüßer sowie Vögel und Säugetiere. Alle Lebensformen des Präkambriums sowie des älteren Erdaltertums hielten sich im Wasser auf. Die Be-

siedlung des Landes vollzog sich erst im Silur und führte dann ab dem Devon zur Entfaltung der meisten Großgruppen, die heute für die Biozönosen der terrestrischen Ökosysteme charakteristisch sind.

Die Erkenntnisse über die Entwicklung des Lebens im Laufe der Erdgeschichte beruhen vorwiegend auf Untersuchungen der Paläontologie. Diese Wissenschaft vernetzt geologische und biologische Untersuchungsmethoden. Die wichtigsten Hinweise zur Evolution liefern dabei die Fossilien, die von Paläontologen präpariert, untersucht und nach ihrem Alter sowie ihrer systematischen Zugehörigkeit geordnet werden. Die Untersuchung der Gesteine und Fossilien liefert auch Hinweise über die Biozönosen, das Klima, die Land-Meer-Verteilung und andere Bedingungen in den verschiedenen Abschnitten der Erdgeschichte. Mithilfe von Leitfossilien ist eine sehr detaillierte Gliederung von Schichten (Biostratigrafie) sowie eine relative Altersbestimmung von Sedimentgesteinen möglich.

Hinweis: Der Stammbaum in Abbildung 379.1 im Schülerband gibt nur eine grobe Übersicht über die Entwicklung der Lebensformen in der Erdgeschichte. Details, insbesondere über die Abstammungsverhältnisse einzelner Großgruppen, sind in der Regel nur dort berücksichtigt, wo diese einigermaßen sicher sind. Die Gliederung in die verschiedenen Erdzeitalter und die Formationen ist eine künstliche Einteilung, die die Erdgeschichte in übersichtlichere Zeitabschnitte gliedert. Die Angaben zum Beginn der einzelnen Formationen sind als zeitliche Orientierungshilfe zu verstehen. In verschiedenen Quellen differieren die Zeitangaben über den Beginn und die Dauer der einzelnen Formationen zum Teil erheblich. So wird beispielsweise manchmal der Beginn des Kambriums vor 600 Millionen Jahren angesetzt, der des Tertiärs vor 70 Millionen Jahren. Dies hängt damit zusammen, dass die ältesten beziehungsweise jüngsten Schichten einer Formation, auf die sich die jeweiligen Autoren beziehen, in verschiedenen Gebieten der Erde nicht immer die gleichen sind, weil in einem bestimmten Untersuchungsgebiet manche Schichten fehlen können. Die Zeitangaben in der Abbildung 379.1 wurden der Stratigrafischen Tabelle von Peter ROTHE entnommen (P. ROTHE: Erdgeschichte. Darmstadt 2000).

Seite 380

EXKURS: Altersbestimmung von Fossilien

1. Die Halbwertszeit von radioaktivem Kohlenstoff (^{14}C) beträgt nur etwa 5740 Jahre. Wegen dieser verhältnismäßig kurzen Halbwertszeit sind nach einigen 10 000 Jahren nur noch sehr geringe Spuren des radioaktiven Kohlenstoffisotops in einem Fossil enthalten. Der Zerfall dieser Rest-Isotope liefert keine verlässlichen Werte mehr für eine genaue Datierung. Da Fossilien meist mehrere Millionen Jahre, oft sogar einige hundert Millionen Jahre alt sind, müssen für ihre Altersbestimmung andere radioaktive Isotope mit wesentlich längeren Halbwertszeiten herangezogen werden.

Seite 381

EXKURS: Brückentiere

1. Die Skelette von *Compsognathus* und *Archaeopteryx* weisen eine Reihe von Übereinstimmungen auf: Beide liefen auf den Hinterbeinen, hatten einen einfachen Brustkorb mit Bauchrippen ohne Verbindung zum übrigen Skelett, ein charakteristisches Saurierbecken, eine lange Schwanzwirbelsäule sowie Schnäbel mit Zähnen. Im Gegensatz zu *Compsognathus* waren die Vordergliedmaßen von *Archaeopteryx* allerdings wesentlich länger, die Mittelfußknochen waren bereits teilweise miteinander verwachsen und die Schlüsselbeine bildeten ein zusammenhängendes Gabelbein. Rezente Vögel haben ein deutlich reduziertes Handskelett ohne Greiffunktion sowie vollständig zu einem Lauf verwachsene Mittelfußknochen. Der Brustkorb ist durch Querfortsätze zwischen den Rippen stabilisiert und mit einem starken Brustbein verbunden, das einen knöchernen Kamm trägt. Das Gabelbein ist als starker Knochen ausgebildet, das Becken nach hinten verlängert und die Schwanzwirbelsäule stark verkürzt. Der Schnabel ist nicht mehr bezahnt. Das Skelett von *Archaeopteryx* zeigt demnach noch sehr viele Sauriermerkmale und erst einige Gemeinsamkeiten mit den Vögeln (Vogelflügel, Gabelbein, teilweise verwachsene Mittelfußknochen). Die Besonderheiten der Vögel im Skelettbau sind als Anpassungen an dauerhafte Flugleistungen zu verstehen. So setzt die Flugmuskulatur am Brustbein sowie am Gabelbein an und der kompakt gebaute Brustkorb sowie das Gabelbein liefern beim Flug die notwendige Stabilität im Skelett und ermöglichen die Atmung. Ob *Archaeopteryx* bereits ausdauernd fliegen konnte, ist umstritten. Neuere Untersuchungen des Skeletts lassen darauf schließen, dass dieses Tier eher ein schlechter Flieger war und sich vorwiegend laufend bewegte. Dabei diente der lange Schwanz als Gewichtsausgleich zur vorderen Körperhälfte.

Hinweis: Das Gefieder von *Archaeopteryx*, das früher als eindeutiges Vogelmerkmal angesehen wurde, kam auch bei einer Reihe von theropoden Sauriern vor und ist folglich kein ausschließlich bei Vögeln auftretendes Merkmal. Gleiches gilt auch für das Gabelbein, das kürzlich ebenfalls bei theropoden Raubdinosauriern aus der näheren Verwandtschaft von *Archaeopteryx* nachgewiesen werden konnte. Offenbar haben die Vögel eine Reihe von Merkmalen, die heute nur noch bei dieser systematischen Gruppe vorkommen, bereits von ihren Saurier-Vorfahren übernommen und lediglich weiter entwickelt.

Seite 382

EXKURS: „Lebende Fossilien"

1. Als „lebende Fossilien" werden Arten bezeichnet, die sich über lange Zeiträume der Erdgeschichte, manchmal über mehrere hundert Millionen Jahre, kaum verändert haben. Die Bezeichnung ist eigentlich ein Widerspruch in sich, denn Fossilien sind definitionsgemäß meist versteinerte Reste von ehemaligen Lebewesen. Der Begriff „lebende Fossilien" soll andeuten, dass die meisten Vertreter der jeweiligen Gruppe von Lebewesen, zu der die betreffende Art gehört, nur als Fossilien bekannt sind und lediglich eine oder wenige Arten in fast unveränderter Form bis heute überlebt haben.

Seite 385

1. Der Grundbauplan der Wirbeltiergliedmaßen war bereits bei den ersten Landwirbeltieren des Devons, den Amphibien wie beispielsweise *Ichthyostega*, ausgebildet. Die Gliederung des Vordergliedmaßenskeletts in Oberarmknochen, zwei Unterarmknochen sowie jeweils mehrere Handwurzel-, Mittelhand- und Fingerknochen findet sich bei allen Landwirbeltieren. Allerdings verfügte *Ichthyostega* noch über sieben Finger, während es später zu einer Reduktion auf fünf Finger oder weniger kam. Die Abbildung 383.1 im Schülerbuch zeigt an Beispielen, wie sich die Vordergliedmaßen bei verschiedenen Gruppen der Wirbeltiere unter Beibehaltung des Grundbauplans zu unterschiedlichen Funktionssystemen entwickelt haben. Dabei sind einige Funktionen mehrfach unabhängig voneinander entstanden (konvergente Entwicklung), zum Beispiel die Flugfähigkeit bei Flugsauriern, Vögeln und Fledermäusen. Dies wird unter anderem an der unterschiedlichen Umstrukturierung des Gliedmaßenskeletts zu einem Flugorgan deutlich.

Vergleich der Vordergliedmaßen nach Bau und Funktion:

Vogel: Reduktion des Handskeletts, weitgehende Verwachsung der Handknochen, nur noch 3. Finger erhalten; Greiffunktion zugunsten der Flugfunktion aufgegeben; Vorderextremitäten dienen als Gerüst der Tragflächen, die durch Befiederung (Hand- und Armschwingen) gebildet werden.

Flugsaurier: 4. Finger extrem verlängert, dient zur Befestigung der Flughaut, drei andere kurze Finger mit Greiffunktion (Krallen) erhalten.

Krokodil: kurzes, gedrungenes Gliedmaßenskelett; fünf Finger sind ausgebildet, teilweise mit Schwimmhäuten; wenig spezialisierte Extremität, die zum Laufen und Schwimmen dient (Fortbewegung allerdings vorwiegend durch den Ruderschwanz).

Maulwurf: Armknochen kurz und kräftig, Handskelett als Grabschaufel ausgebildet; zusätzlich zu den fünf Fingern ist ein Sichelbein vorhanden.

Fledermaus: lang gestreckte, zarte Armknochen, Finger 1 als Greifwerkzeug ausgebildet, Finger 2 bis 5 mit langen Fingerknochen, zwischen denen die Flughaut befestigt ist.

Mensch: wenig spezialisierte Vorderextremität; durch die Anordnung und Beweglichkeit der Finger (unter anderem Gegenüberstellung von Daumen und Zeigefinger möglich) sind sehr präzise und differenzierte Greifbewegungen möglich.

Pferd: kräftiges Gliedmaßenskelett mit meist lang gestreckten Knochen; Reduktion der Knochen des Handskelettes; voll ausgebildet ist nur noch der 3. Finger, die Finger 1 und 5 fehlen ganz, Finger 2 und 4 sind rudimentär vorhanden (Griffelbeine); Laufextremität mit Auftritt auf den Fingerspitzen (beziehungsweise Zehenspitzen), die zu einem Huf umgebildet sind.

Wal: kurze, kräftige Armknochen, Finger aus unterschiedlich vielen Knochen aufgebaut; die Extremität hat keine Greiffunktion mehr, sondern dient zur Stabilisierung einer weitgehend ungegliederten Flosse (Schwimm- beziehungsweise Paddelfunktion).

2. Obwohl die Hautzähne der Haie und die Zähne der Säuger nicht die gleiche Lage am Körper haben, lassen sie sich nach dem zweiten Homologiekriterium als ursprungsgleich erkennen: Der Aufbau mit Schichten aus Schmelz und Dentin sowie eine Zahnhöhle mit Blutgefäßen sind gleich.

3. Weitere Beispiele für analoge Organe sind: Linsenaugen bei Weichtieren und Wirbeltieren, Hornschnäbel bei Kopffüßern und Vögeln, Kiemen bei Fischen, Muscheln und Krebstieren, Grabbeine bei Maulwurf und Maulwurfsgrille, Knollen bei Kartoffeln (Sprossknollen) und Dahlien (Wurzelknollen), Sprossranken bei Passionsblumen und Blattranken bei Erbsen sowie Blattdornen bei Berberitzen und Sprossdornen beim Weißdorn.

Vielfach sind analoge Strukturen aufgrund gleicher Funktion einander so ähnlich, dass man von konvergenter Entwicklung spricht. Konvergente Entwicklung kann aber auch bei homologen Strukturen auftreten. Beispiele sind die Ausbildung von Flügeln bei Flugsauriern, Vögeln und Fledermäusen, von Flossen bei Pinguinen und Walen und von Stacheln bei Igeln, Stachelschweinen und Ameisenigeln.

Außer morphologischen sind auch physiologische und verhaltensbiologische Analogien beziehungsweise Konvergenzen bekannt.

Zusatzinformation: Durch die vergleichende Untersuchung des Genoms bei unterschiedlichen Tiergruppen wurde in letzter Zeit die Einordnung analoger Strukturen infrage gestellt. So wurden beispielsweise die Linsenaugen von Kopffüßern und Wirbeltieren homologisiert, weil die Ausbildung der Augen auf ursprungsgleiche Gene zurückzuführen ist. Dies ist allerdings wenig überraschend, wenn man bedenkt, dass alle Lebensformen einen gemeinsamen Ursprung haben und genetische Strukturen offenbar sehr konservativ und über lange Phasen der Stammesentwicklung erhalten bleiben können. Aus genetischer Sicht lassen sich deshalb wahrscheinlich die meisten Organe mit ähnlichen Funktionen auf homologe DNA-Abschnitte zurückführen. Für die Analyse der Stammesgeschichte ist eine solche Sicht allerdings wenig hilfreich. Im Hinblick auf die Linsenaugen bei Weichtieren und Wirbeltieren bleibt trotz gleicher genetischer Grundlage die Tatsache bestehen, dass sich diese Augentypen unabhängig voneinander in der Evolution entwickelt haben, was unter anderem auch durch die Ontogenese deutlich wird. In morphologisch-anatomischer sowie entwicklungsbiologischer Sicht bleibt es demnach bei der Einordnung als analoge Bildungen.

Seite 386

1. In der Embryonalentwicklung des Menschen gegen Ende des ersten Monats entwickeln sich im vorderen Darmbereich wie bei allen Wirbeltieren Anlagen eines Kiemendarms (Kiementaschen). Das Blutgefäßsystem wird zunächst mit einem einfachen Kreislauf sowie einem Herz mit einer Vor- und einer Hauptkammer angelegt. Im Bereich des Kiemendarms bilden sich dabei mehrere Arterienbögen aus. Bei Fischen entwickeln sich diese Anlagen zu einem funktionstüchtigen Kiemenapparat weiter; der einfache Blutkreislauf mit den Kiemenbögen und der Organisation des Herzens bleibt erhalten. Bei den Landwirbeltieren und auch beim Menschen entwickeln sich die Anlagen des Kiemendarms sowie das Kreislaufsystem weiter. Mit der Anlage der Lungen entsteht im Blutgefäßsystem die Trennung von Körper- und Lungenkreislauf; das Herz differenziert sich in je zwei Vor- und Hauptkammern. Die Arterienbögen bilden sich zurück.
Die Anlage von Elementen eines Kiemendarms sowie die Organisation des Blutgefäßsystems mit einem einfachen Kreislauf in der frühen Embryonalentwicklung aller Landwirbeltiere ist nur dadurch zu erklären, dass die Evolution dieser Tiere von Fischen mit Kiemenatmung ausging. Die Ontogenese verweist hier also auf den phylogenetischen Ursprung der Landwirbeltiere (ein Beispiel für die biogenetische Grundregel). Eine Erklärung für die Rekapitulation stammesgeschichtlicher Elemente in der Ontogenese liefert die Genetik. Die Gene für die Entwicklung des Blutgefäßsystems bei den verschiedenen Wirbeltierklassen sind nicht unabhängig voneinander neu entstanden, sondern sie haben alle den gleichen Ursprung, sind demnach homolog. Bei den Landwirbeltieren einschließlich des Menschen wird das genetische Grundmuster, auf dem die Entwicklung des Blutgefäßsystems der Fische basiert, weiter genutzt. Später entstandene Gene modifizieren dann den Grundbauplan bis zur endgültigen Ausbildung des Blutgefäßsystems der jeweiligen adulten Organismen.

Seite 391

1. Durch die Injektion von menschlichem Blut wird das Immunsystem des Kaninchens dazu angeregt, Antikörper gegen die menschlichen Serum-Proteine zu erzeugen. So kann nach einiger Zeit aus dem Kaninchen ein Anti-Human-Serum gewonnen werden. Vermischt man dieses mit menschlichem Serum, kommt es zu einer vollständigen Ausfällung der Serum-Proteine, da gegen jedes dieser Proteine ein spezifischer Antikörper vorhanden ist. Das Serum anderer Säugetiere enthält teilweise oder gänzlich anders strukturierte Serum-Proteine. Je größer die Gemeinsamkeiten zu den menschlichen Proteinen sind, umso stärker fällt die Präzipitinreaktion aus. Bei Menschenaffen wird noch ein großer Teil der Proteine ausgefällt: Beim Schimpansen 85 Prozent, beim Gorilla 64 Prozent und beim Orang-Utan 42 Prozent. Bei Pavianen ist die Ähnlichkeit der Serum-Proteine zu denen des Menschen schon deutlich geringer (29 Prozent). Huftiere haben nur eine geringe Übereinstimmung ihrer Serum-Proteine zum Menschen, bei Kängurus findet gar keine Ausfällung mehr statt. Je früher sich die Entwicklungslinien der untersuchten Lebewesen voneinander getrennt haben, umso mehr Zeit konnte vergehen, in der sich die Serum-Proteine durch Mutationen in unterschiedlicher Weise verändert haben. Die Entwicklungslinien von Huftieren und Menschen haben sich demnach viel früher voneinander getrennt als die zwischen Menschenaffen und Menschen.
2. Bei der DNA-Sequenzanalyse werden die Übereinstimmungen und Unterschiede zwischen homologen DNA-Abschnitten bei verschiedenen systematischen Gruppen beziehungsweise Arten untersucht. Aufgrund dieser Analysen lassen sich die verwandtschaftlichen Verhältnisse in Form eines Stammbaums wie in Abbildung 390.3 im Schülerbuch darstellen. Die Abzweigungen betreffen dabei die jeweiligen Schwestergruppen, die einen gemeinsamen Vorfahren haben. Mithilfe paläontologischer Befunde lassen sich die Verzweigungen des Stammbaums zeitlich einordnen. Es zeigt sich, dass sich die Entwicklungslinien der Kloakentiere und der übrigen Säugetiere bereits

vor etwa 160 Millionen Jahren, also im Erdmittelalter, voneinander getrennt haben. Zu den jüngsten Säugetierordnungen gehören Raubtiere, Unpaarhufer, Paarhufer und Wale, die sich seit der Kreidezeit entwickelt haben. Die DNA-Sequenzanalyse zeigt zudem, welche Ordnungen am nächsten miteinander verwandt sind. Dabei ergibt sich unter anderem, dass Wale und Paarhufer gemeinsame Vorfahren hatten, also Schwestergruppen darstellen. Diese beiden Ordnungen sind folglich näher miteinander verwandt als Paarhufer und Unpaarhufer.

Hinweis: Der Stammbaum berücksichtigt nur eine Auswahl der Säugetierordnungen.

3. Der Abbildung 391.1 im Schülerbuch ist zu entnehmen, dass homologe homöotische Gene bei *Drosophila* und Mensch entsprechende Körperregionen beeinflussen. Dies gilt beispielsweise für Gene, die die Entwicklung verschiedener Bereiche des Kopfes (unter anderem Auge und Mundregion), des Brustabschnitts und des Hinterleibs bestimmen. Nachgeordnete Gene sorgen dann dafür, dass sich bei *Drosophila* ein Außenskelett aus Chitin, beim Menschen hingegen ein inneres Knochenskelett ausbildet, bei der Fliege Komplexaugen entstehen, beim Menschen jedoch zwei Einzelaugen.

Seite 393

EXKURS: Kontinentalverschiebung

1. Zu Beginn des Erdmittelalters (vor etwa 250 Millionen Jahren) in der Trias waren die Kontinentalplatten zu einem einzigen Urkontinent verschmolzen, der von der Arktis bis zum Südpol reichte. Diese Kontinentalmasse wird Pangäa genannt. Ihr stand ein riesiger Urozean gegenüber, der den größten Teil der Erdoberfläche einnahm. An der Grenze zwischen Jura- und Kreidezeit (vor etwa 135 Millionen Jahren) begann der Urkontinent auseinanderzubrechen. Die Nordkontinente Eurasien und Nordamerika (Laurasia) wurden von den Südkontinenten Südamerika, Afrika, Indien, Antarktis und Australien (Gondwana) getrennt. Auch Gondwana brach auseinander, wobei sich zunächst Indien abtrennte und nach Norden driftete. Südamerika und Afrika sowie die Antarktis und Australien blieben zunächst noch jeweils miteinander verbunden. Mit dem Beginn des Tertiärs war die Drift der Kontinente so weit fortgeschritten, dass sich die meisten Kontinentalplatten schon in einer vergleichbaren Position befanden wie in der heutigen Zeit. Allerdings war der Atlantik noch viel schmaler als heute, Nord- und Südamerika hatten noch keine Landverbindung und Indien war noch ein eigenständiger Kontinent, der auf seiner Drift nach Norden Eurasien noch nicht erreicht hatte. Die Trennung von Australien und der Antarktis war ebenfalls noch nicht erfolgt. Auch in der Gegenwart geht die Kontinentalverschiebung weiter. Erdbeben und Vulkanausbrüche belegen dies. Die Drift der einzelnen Platten kann man inzwischen sogar direkt messen. So ist bekannt, dass sich der Atlantik jährlich um einige Zentimeter verbreitert, während der Pazifik durch die Drift Amerikas nach Westen allmählich kleiner wird.

2. Seit dem Beginn des Erdmittelalters waren Nord- und Südamerika voneinander getrennt. Ab der Kreidezeit gab es zwischen Laurasia und Gondwana keine oder nur kurzfristig auftretende Landbrücken. Nach der Trennung von Afrika gegen Ende des Erdmittelalters war Südamerika für Jahrmillionen ein isolierter Kontinent, der zeitweilige Landverbindungen, wenn überhaupt, lediglich zur Antarktis hatte. Wegen dieser Isolation Südamerikas verlief die Evolution der Lebensformen auf diesem Kontinent anders als in Nordamerika. Erst im Verlaufe des Tertiärs bildete sich wieder eine Landbrücke zwischen Nord- und Südamerika aus. Dadurch kam es zu einem begrenzten Floren- und Faunenaustausch zwischen beiden Kontinenten. Allerdings haben sich in Südamerika bis heute noch viele endemische Arten erhalten, weil der Kontakt zu Nordamerika in geologischen Zeitspannen gesehen erst kürzlich erfolgte. Außerdem behindert die Landenge von Panama die Verbreitung von Arten erheblich. Schließlich muss berücksichtigt werden, dass der Norden des südamerikanischen Kontinents in den Tropen liegt, während die angrenzenden Gebiete Nordamerikas in den Subtropen liegen. Nordamerika verfügt demnach gar nicht über das Potenzial an Arten, um die tropische Flora und Fauna Südamerikas verdrängen zu können. Umgekehrt finden nur wenige Arten aus Südamerika in den Klimazonen Nordamerikas günstige Lebensbedingungen.

3 Evolutionsmechanismen

Seite 395

1. Vererbung basiert darauf, dass Eltern Kopien ihrer Gene an ihre Kinder weitergeben. Bei sexueller Fortpflanzung stammen 50 Prozent der Gene eines Individuums von seiner Mutter, die übrigen 50 Prozent von seinem Vater. Eine Möglichkeit, den Einfluss von Genen auf die Variation von Merkmalen zu überprüfen, besteht daher darin, die Ausprägung von Merkmalen – wie etwa die Schnabelgröße von DARWIN-Finken – bei verwandten und nicht verwandten Individuen zu untersuchen. Stellt man fest, dass Kinder ihren Eltern stärker ähneln als anderen Individuen in der Population, mit denen sie nicht verwandt sind, ist dies ein Hinweis darauf, dass die Unterschiede in dem jeweiligen Merkmal eine genetische Grundlage haben.

Zusatzinformation: Korrelationen zwischen Eltern und Kindern sind für sich noch kein Beweis, dass unterschiedliche Merkmalsausprägungen genetische Ursachen haben. Theoretisch ist es auch denkbar, dass die Umwelt, in der die Kinder aufgewachsen sind, derjenigen, in der ihre Eltern aufgewachsen sind, stärker ähnelte als der Umwelt, in der andere Individuen aufgewachsen sind. Darüber hinaus können elterliche Effekte (sämtliche nicht genetisch übermittelte Eigenschaften, die Eltern an ihre Kinder weitergeben; vergleiche Seite 337 im Schülerband) dazu führen, dass der genetische Einfluss stärker erscheint, als er ist. Da Phänotypen grundsätzlich das Ergebnis der Interaktion von Genen und Umwelteinflüssen sind, müssen weitere Untersuchungen, zum Beispiel Zwillings- und Adoptionsstudien durchgeführt werden, um die Heritabilität (Erblichkeit) von Merkmalen abschätzen zu können.

Seite 397

1. Genetische Variation führt dazu, dass manche Individuen einer Population besser an die jeweils herrschenden Umweltbedingungen angepasst sein werden als andere und daher höhere Überlebens- und Fortpflanzungschancen haben. Diese besser angepassten Individuen werden deshalb im Mittel mehr Gene an den Genpool der nachfolgenden Generation weitergeben als die schlechter angepassten.

Seite 401

1. Bei zahlreichen Arten zeichnen sich die Männchen durch Merkmale aus, die den Weibchen fehlen, biologisch keinen Sinn zu ergeben scheinen oder sogar Handicaps sind. DARWINs Theorie der sexuellen Selektion erklärt die Evolution solcher Merkmale als das Ergebnis weiblicher Partnerwahl. Weibchen üben einen Selektionsdruck auf ihre männlichen Artgenossen aus, indem sie sich bevorzugt mit Männchen paaren, bei denen entsprechende Merkmale überdurchschnittlich gut entwickelt sind. Evolutionsbiologisch ist solche weiblichen Partnerpräferenzen zu erklären, wenn die Weibchen durch ihr Wahlverhalten Fitnessvorteile erlangen können, also ihr eigener Fortpflanzungserfolg oder der ihrer Nachkommen davon profitiert. Dies kann dadurch zustande kommen, dass die Ausprägung des entsprechenden männlichen Merkmals ein Indikator für besonders gute Erbanlagen ist (Indikator-Hypothese), oder dadurch, dass die Söhne eines attraktiven Männchens ebenfalls überdurchschnittlich attraktiv sein werden und damit überdurchschnittlich viele Nachkommen zeugen werden („Sexy Son"-Hypothese). Untersuchungen an Pfauen unterstützen die Indikator-Hypothese.

Zusatzinformation: Die im Schülerband genannten Hypothesen zur Evolution weiblicher Partnerwahl sind nicht die einzigen, die gegenwärtig diskutiert werden. Darüber hinaus können Weibchen durch Partnerwahl nicht nur indirekt (genetisch) profitieren, sondern auch direkt (vergleiche Seite 364 im Schülerband).

2. Die Evolution des menschlichen Bartes könnte sowohl mit der Indikator-Hypothese als auch mit der „Sexy Son"-Hypothese erklärt werden. Nach der Indikator-Hypothese könnte man wie folgt argumentieren: Der Bartwuchs ist altersabhängig. Durch den Besitz eines Bartes könnte ein Mann also demonstrieren, dass er in der Lage war, bis ins Erwachsenenalter zu überleben, was zumindest teilweise von guten Erbanlagen abhängig ist. Nach der „Sexy Son"-Hypothese würde man dagegen argumentieren, dass Frauen, die eine genetisch bedingte Präferenz für Männer mit Bart haben, diese Präferenz an ihre Töchter weiter vererben. Männer mit Bart werden daher mehr Gene an den Genpool der nachfolgenden Generation weitergeben als Männer ohne Bart, ohne dass der Besitz eines Bartes etwas über die genetische Qualität seines Trägers aussagt.

Zusatzinformation: DARWINs Frage, warum Männer einen Bart haben, ist bis heute nicht sicher geklärt. Bartwuchs ist beim Menschen von Testosteron abhängig. Testosteron beeinflusst unter anderem die Entwicklung des Körperbaus (insbesondere der Muskulatur) und des Verhaltens (Aggressivität). Insofern könnte die Ausprägung des Bartwuchses auch ein Indikator für körperliche und soziale Durchsetzungsfähigkeit sein (Indikator-Hypothese). Gleichzeitig ist bekannt, dass ein hoher Testosteronspiegel die Immunkompetenz herabsetzt. Daher argumentieren manche Forscher, dass sich nur Individuen mit einem besonders guten Immunsystem einen hohen Testosteronspiegel „leisten" können (Handicap-Hypothese). Auch nach diesem Argument wäre der Bart ein Indikator für überdurchschnittlich gute Erbanlagen.
Gegen die Indikator-Hypothese und für die „Sexy Son"-Hypothese spricht, dass Bartwuchs ein geografisch ausgesprochen variables Merkmal ist.

Seite 404

1. Bei 600 braunen und 400 rosa Kaninchen sind die relativen Häufigkeiten der einzelnen Genotypen folgendermaßen verteilt:
Genotyp AA: 0,3 (300/1000)
Genotyp Aa: 0,3 (300/1000)
Genotyp aa: 0,4 (400/1000)
Die absoluten Allelhäufigkeiten:
Häufigkeit des Allels A: 900 (300 + 300 + 300)
Häufigkeit des Allels a: 1100 (300 + 400 + 400)

Die relativen Allelhäufigkeiten:
p = 0,45 (900/2000)
q = 0,55 (1100/2000)
Damit lautet die HARDY-WEINBERG-Gleichung:
0,2 (p^2) + 0,5 (2pq) + 0,3 (q^2) = 1

2. Der Gründereffekt beschreibt eine Form der Gendrift, in der eine kleine Teilpopulation, deren Genpool nicht mit dem Genpool der Gesamtpopulation identisch ist, geografisch von der Ursprungspopulation separiert wird. Ist der Genfluss zwischen den Populationen unterbrochen, werden Unterschiede in der genetischen Struktur der beiden Populationen erhalten bleiben und sich durch weitere Evolutionsfaktoren noch verstärken. Der Gründereffekt ist ebenso wie der Flaschenhalseffekt mit einer genetischen Verarmung verbunden.

Seite 417

1.

Merkmalsbereich	Pflanzen	Tiere
mechanischer Schutz	Dornen, Stacheln, harte Schalen	Unempfindlichkeit, kräftige Kiefer, Nagezähne
chemischer Schutz	Alkaloide und andere Giftstoffe	Resistenz
Bestäubung	als Signale wirkende Farben und Duftstoffe Futtergaben (Pollen, Nektar)	entsprechend angepasste Sinnesorgane entsprechend angepasste Mundwerkzeuge (Saugrüssel, Pinselzungen)
Samenverbreitung	Früchte mit Signalcharakter (Farben, Düfte), deren Samen den Verdauungskanal des Fruchtfressers unbeschadet passieren	entsprechend angepasste Sinnesorgane (zum Beispiel trichromatisches Farbensehen zum Erkennen roter Früchte)

Seite 419

1. Die Abbildung zeigt, wie sich die Anzahl der marinen Organismenfamilien im Verlauf der Erdgeschichte verändert hat. (In der biologischen Systematik ist die Familie eine Gruppe nahe miteinander verwandter Gattungen.) Es ist zu erkennen, dass die Anzahl der Familien vom Präkambrium bis zum Ende des Tertiärs stark zugenommen hat. Die Zunahme wurde aber mehrfach durch mehr oder weniger plötzliche und drastische Phasen unterbrochen, in denen die Anzahl der Familien abnahm. Diese Phasen kennzeichnen Perioden, in denen es zu Massenaussterben kam. Das größte Massenaussterben der Erdgeschichte fand am Ende des Perm statt.

Zusatzinformation: Paläontologen sprechen von den „Big Five", den fünf großen Massenaussterben, die sich im Laufe der Erdgeschichte ereignet haben:
1. Massenaussterben am Ende des Ordoviziums (vor 440 bis 450 Millionen Jahren);
2. Massenaussterben am Ende des Devons (vor 360 bis 370 Millionen Jahren);
3. Massenaussterben am Ende des Perm (vor 250 bis 255 Millionen Jahren);
4. Massenaussterben am Ende der Trias (vor 200 Millionen Jahren);
5. Massenaussterben am Ende der Kreide (vor 65 Millionen Jahren).

Die Abbildung berücksichtigt nur marine Familien, deren Fossilgeschichte aufgrund des Besitzes von Hartteilen (Schalen, Knochen) gut dokumentiert ist. Dem Massenaussterben am Ende des Perm fielen nach manchen Schätzungen über 90 Prozent aller marinen Arten zum Opfer, darunter sämtliche Trilobiten. Dem Massenaussterben am Ende der Kreide fielen schätzungsweise 75 Prozent aller Arten zum Opfer. Über die Ursachen für Massenaussterben wird noch diskutiert. Die 1980 erstmals vorgeschlagene „Impact"-Hypothese für das Massenaussterben am Ende der Kreide ist seit der Entdeckung des Chicxulub-Kraters vor der mexikanischen Halbinsel Yucatan im Jahre 1991 weithin anerkannt. Neuere Befunde deuten darauf hin, dass auch das Massenaussterben am Ende des Perm durch den Einschlag eines großen Asteroiden verursacht worden sein könnte.

4 Der Verlauf der Evolution

Seite 421

1. Das MILLER-Experiment simuliert die Verhältnisse, wie sie wahrscheinlich auf der Urerde zu finden waren. In einem Kugelkolben wird Wasser erhitzt und zur Verdampfung gebracht. Über ein Glasrohr gelangt dieser Wasserdampf in einen zweiten Kugelkolben, in dem Gase enthalten sind, die mit Sicherheit in der Uratmosphäre vorhanden waren, unter anderem Methan, Ammoniak, Wasserstoff und Kohlenstoffmonooxid. Als Energiequelle können in diesem zweiten Kugelkolben elektrische Entladungen ausgelöst werden. Unter diesen Bedingungen kommt es zu chemischen Reaktionen in dem Gasgemisch. Durch Zufuhr von Kühlwasser kondensiert ein Teil des Wasserdampfs mit den darin befindlichen Reaktionsprodukten. Diese Lösung wird in einem Auffangrohr gesammelt. Die chemische Analyse ergibt, dass in dieser Apparatur organische Verbindungen entstanden sind,

zum Beispiel Harnstoff, Zucker und Aminosäuren. Das MILLER-Experiment brachte also den Nachweis, dass in der Uratmosphäre unter reduzierenden Bedingungen aus einfachen anorganischen Verbindungen organische Moleküle entstehen konnten, und zwar solche, die bis heute Bausteine des Lebendigen sind („Biomoleküle"). Das Wasser im unteren Kugelkolben simuliert das Urmeer, aus dem Wasser in die Atmosphäre verdunstete. Dieses konnte in der Atmosphäre mit den Gasen reagieren, wobei Blitze die notwendige Energie lieferten (im Experiment der zweite Kugelkolben mit dem Gasgemisch und der Funkenstrecke). Durch Niederschläge kamen die entstandenen organischen Verbindungen ins Meer zurück, wo sie sich im Laufe der Zeit anreichern konnten (Ursuppe).

2. Mineralienoberflächen können katalytische Eigenschaften haben. Zwischen den Schichten von Tonmineralien können sich beispielsweise Aminosäuren anlagern und dabei zu Peptiden verknüpft werden. An der Oberfläche des Minerals Calcit kann es zu einer Trennung von D- und L-Aminosäuren kommen. In den mikroskopisch kleinen Vertiefungen von Mineralien waren organische Moleküle möglicherweise auch vor der zerstörenden UV-Strahlung geschützt, denn in der Urzeit verfügte die Erdatmosphäre noch nicht über eine schützende Ozonschicht. Bei der Entstehung des Minerals Pyrit aus Eisen-II-Ionen und Schwefelwasserstoff werden Elektronen, Protonen (Wasserstoff) und Energie freigesetzt. Diese Energie und das Reduktionsmittel waren möglicherweise eine Voraussetzung für die Synthese von Makromolekülen, die sich wiederum aus Monomeren auf den Pyritoberflächen bilden konnten. Es darf heute angenommen werden, dass sich die chemische Evolution nicht ausschließlich in der Atmosphäre und im freien Wasser des Urozeans abspielte, sondern dass den Grenzflächen zwischen dem Meerwasser und Mineraloberflächen eine entscheidende Bedeutung bei der Entstehung von Makromolekülen zukam.

Seite 423

1. Das Modell des Hyperzyklus beschreibt eine rückgekoppelte Reaktionskette, an der Nucleotidketten (RNA) als Informationsträger und Aminosäureketten (Proteine) als Katalysatoren beteiligt sind. Die Nucleotidketten steuern den Aufbau der Proteine (Enzyme) aus Aminosäuren. Diese Proteine katalysieren die Replikation der Nucleotidketten. Letztere sind also wie in der Zelle Träger der genetischen Information, die Proteine beeinflussen durch ihre katalytischen Eigenschaften den Stoffwechsel. Durch Mutationen konnten Hyperzyklen entstehen, in denen die Abfolge der Reaktionsschritte schneller erfolgte als in anderen Systemen. Solche effizient arbeitenden Reaktionszyklen konnten sich gegenüber langsameren durchsetzen und ausbreiten. Damit bestand auf molekularer Ebene bereits das Prinzip der Selektion. Überträgt man das Hyperzyklus-Modell in einen membranumschlossenen Raum (Protobiont), verfügt dieses System bereits über alle wesentlichen Eigenschaften von Lebewesen: Stoffwechsel, Selbstvermehrung, Wachstum, Informationsspeicherung und -weitergabe, Mutation, Evolution.

2. Die Entwicklung der verschiedenen Grundtypen von Eukaryoten erfolgte nach der Endosymbionten-Hypothese in mehreren Schritten. Anaerobe Wirtszellen, wahrscheinlich Archaeen, nahmen aerobe Bakterien als Endosymbionten auf. Aus diesen anaeroben Bakterien entstanden im Laufe der Zeit die Mitochondrien. Ein Großteil der genetischen Information der Endosymbionten wurde dabei auf das Genom der Wirtszelle übertragen (Gentransfer). Durch Entwicklung von diploiden Kernen mit einer Kernhülle bildeten sich aus solchen Systemen die Tiere und die Pilze. Bei letzteren entstand zusätzlich zur Zellmembran eine Zellwand mit Chitin als Gerüstsubstanz. Pflanzenzellen entwickelten durch eine weitere Endosymbiose, in der fotosynthetisch aktive Cyanobakterien aufgenommen wurden, aus denen die Chloroplasten entstanden. Auch in diesem Fall wurde ein Teil des Genoms der Endosymbionten durch Gentransfer in das Genom der Wirtszelle übertragen. Zudem entwickelte sich eine Zellwand mit Cellulose als Gerüstsubstanz.

Seite 426

1. Voraussetzung für die Evolution der Lebewesen war die Entstehung des Lebens, die vor etwa vier Milliarden Jahren anzusetzen ist. Die ersten Lebewesen waren Prokaryoten, von denen sich viele wahrscheinlich chemoheterotroph, andere vielleicht auch chemoautotroph ernährten. Dabei war der Energiestoffwechsel noch wenig effizient, da all diese Lebewesen mangels Sauerstoff Anaerobier waren. Ein entscheidender Evolutionsschritt war dann die Entwicklung der Fotosynthese durch Vorfahren der heutigen Cyanobakterien. Damit konnte die für den Aufbau von Biomasse sowie den Betriebsstoffwechsel notwendige Energie direkt über das Sonnenlicht bezogen werden. Mit der Nutzung des Sonnenlichts war eine unerschöpfliche Energiequelle verfügbar geworden, die später die Entstehung umfangreicher Nahrungsnetze ermöglichte. Chemoautotrophe Lebewesen finden demgegenüber nur unter bestimmten Voraussetzungen günstige Lebensbedingungen vor. Die Vorräte an organischen Verbindungen aus der „Ursuppe", die chemoheterotrophe Prokaryoten nutzten, waren ebenfalls begrenzt und konnten sich sicher nicht in dem Maße neu bilden, wie sie verbraucht wurden. Allerdings verursachte die

Freisetzung von Sauerstoff auch Probleme. Nur solche Lebewesen konnten in einer Umwelt mit freiem Sauerstoff überleben, die Schutzeinrichtungen gegen dieses Oxidationsmittel entwickelt hatten. Für die weitere Evolution von Bedeutung war die Entstehung der Zellatmung, die eine wirksame Nutzung der in Kohlenhydraten gespeicherten Sonnenenergie ermöglichte. Die wichtigsten stoffwechselphysiologischen Grundlagen, die noch heute von den meisten Lebewesen genutzt werden, entstanden also bereits bei Prokaryoten. Durch Endosymbiosen entwickelten sich später besonders leistungsfähige Zellen, die Eukaryoten, bei denen auch ein diploider Zellkern und die sexuelle Fortpflanzung entstanden. Aus solchen leistungsfähigen Eukaryotenzellen bildeten sich die ersten Vielzeller mit einer Arbeitsteilung zwischen unterschiedlich spezialisierten Zellen. Die Evolution der Eukaryoten führte dann weiter zu unterschiedlichen Organisationsformen, den Pflanzen, Pilzen und Tieren. Der letzte große Evolutionsschritt bestand in der Entwicklung von Lebensformen, die dauerhaft auf dem Land leben konnten. Dies gelang Pflanzen und Tieren erst verhältnismäßig spät in der Erdgeschichte, nämlich im Erdaltertum. Bis einschließlich zum Kambrium waren wahrscheinlich alle vielzelligen Lebensformen an den Lebensraum Wasser gebunden.

2. Die meisten Lebensformen aus dem Burgess-Schiefer waren offenbar Flachwasserbewohner, von denen viele ihre Nahrung am Boden suchten und nur einige Arten frei im Wasser lebten. Manche der Bodenbewohner hatten eine sessile Lebensweise. Die meisten dieser Tierformen erscheinen dem heutigen Betrachter bizarr. Rezenten Arten noch am ähnlichsten sind einige Formen, die an Medusen und Schwämme erinnern. Einige Arten waren eindeutig segmentiert und dürften in die Nähe der Gliedertiere gestellt werden können (*Hallucigenia*, *Marrella*, *Aysheaia*, vielleicht auch *Opabinia*). Die frei schwimmende Art Pikaia erinnert an das Lanzettfischchen. Viele Arten trugen Panzerungen und stachelige Körperanhänge zum Schutz gegen Fressfeinde (zum Beispiel *Odontogriphus* und *Wiwaxia*). Nur wenige Formen lassen sich mit einiger Sicherheit heute lebenden Tierstämmen zuordnen: *Vauxia* (Schwamm), *Eldonia* (Hohltiere: Meduse), *Hallucigenia* und *Marrella* (Gliederfüßer?), *Aysheaia* (Stummelfüßer?), *Pikaia* (Chordatiere). Die übrigen Gattungen weisen keine eindeutigen Ähnlichkeiten zu rezenten Tiergruppen auf. Sie gehören wahrscheinlich zu Organisationsformen, die bereits im Kambrium wieder ausstarben.

3. Der Gradualismus geht von einer allmählichen Veränderung von Lebensformen aus, die über lange Zeiträume zur Entstehung von neuen Arten führen. Eine derartige Sicht der Evolution geht auf DARWIN zurück. Der Punktualismus nimmt dagegen Phasen schnellen evolutiven Wandels an, die von Zeiten evolutiven Stillstands abgelöst werden. Für beide Auffassungen gibt es Belege aus der Erdgeschichte. Ereignisse wie die kambrische Explosion können im Sinne des Punktualismus gedeutet werden. Die Evolution der Pferdereihe weist eher auf eine Entwicklung im Sinne des Gradualismus hin. Eine Entscheidung zugunsten einer dieser Hypothesen ist zurzeit nicht möglich.

5 Die Evolution des Menschen

Seite 428

1. Aus zoologisch-systematischer Sicht sind Menschen Tiere: Sie gehören ins Reich Animalia. Innerhalb dieses Reiches zählen Menschen zu den Wirbeltieren (sie besitzen eine Wirbelsäule) und zu den Säugetieren (ihre Säuglinge werden mit Muttermilch ernährt). Dass Menschen Primaten sind, ergibt sich aus zahlreichen Merkmalen, in denen Menschen mit anderen Primaten übereinstimmen: dem Besitz fünfgliedriger Extremitäten mit Nägeln und opponierbaren Daumen, der Fortpflanzungsphysiologie (weitere Merkmale vergleiche Abbildung 429.1 B), der Aminosäuresequenz von Proteinen wie dem Cytochrom c und vor allem aus dem Vergleich der DNA-Sequenzen verschiedener Arten. Diese Befunde zeigen zudem, dass Menschen und Große Menschenaffen (Orang-Utan, Gorilla, Schimpanse und Bonobo) nicht, wie früher angenommen, Schwestergruppen sind, sondern dass beide Gruppen zusammen gehören. Dies ergibt sich zwingend aus der Tatsache, dass der Vergleich der DNA-Sequenzen von Mensch und Schimpanse größere Übereinstimmungen aufweist als der DNA-Vergleich von Schimpanse und Gorilla. Damit steht der Schimpanse dem Menschen phylogenetisch näher als dem Gorilla. Phänotypische Unterschiede zwischen Mensch und Schimpanse, wie sie in Abbildung 429.2 gezeigt werden, ändern an der systematischen Stellung des Menschen nichts.
Zusatzinformation: Dass Menschen und Große Menschenaffen in der biologischen Systematik nicht mehr getrennten Familien zugeordnet werden, hat sich in der Fachwissenschaft mittlerweile weitgehend durchgesetzt. Umstritten ist dagegen die Forderung, Menschen, Schimpansen und Bonobos den gleichen Gattungsnamen zu geben, der aufgrund von Nomenklaturregeln *Homo* lauten müsste.
Die Abbildung 429.1 A im Schülerband gibt die Systematik der Primaten nur auszugsweise wieder. Da die biologische Systematik ein Gebiet ist, in dem insbesondere aufgrund der Anwendung neuer Techniken (DNA-Analyse) vieles im Fluss ist, wird hier ergänzend eine vollständige Systematik der Primaten wiedergegeben.

> **Ordnung: Primates (Primaten)**
>   **Unterordnung: Strepsirrhini** (Feuchtnasenprimaten)
>   **Zwischenordnung: Lemuriformes** (Lemuren i.w.S.)
>   **Überfamilie:** Lemuroidea (madagassische Lemuren)
>   Familie: Cheirogaleidae (Maus- und Katzenmakis)
>   Familie: Daubentoniidae (Fingertiere)
>   Familie: Indriidae (Indriartige)
>   Familie: Lemuridae (eigentliche Lemuren)
>   Familie: Lepilemuridae (Wieselmakis)
>   **Zwischenordnung: Loriformes** (Loris und Galagos)
>   **Überfamilie:** Lorisoidea (Loris und Galagos)
>   Familie: Galagidae (Galagos)
>   Familie: Lorisidae (Loris)
>   **Unterordnung: Haplorrhini** (Trockennasenprimaten)
>   **Zwischenordnung: Tarsiiformes** (Koboldmakis)
>   **Überfamilie:** Tarsioidea (Koboldmakis)
>   Familie: Tarsiidae (Koboldmakis)
>   **Zwischenordnung: Platyrrhini** (Neuweltaffen)
>   **Überfamilie:** Ceboidea (Neuweltaffen)
>   Familie: Cebidae (Kapuzinerartige)
>   Familie: Atelidae (Klammerschwanzaffen)
>   Familie: Pitheciidae (Sakiartige)
>   **Zwischenordnung: Catarrhini** (Altweltaffen)
>   **Überfamilie:** Cercopithecoidea (geschwänzte Altweltaffen)
>   Familie: Cercopithecidae (Meerkatzenverwandte)
>   **Überfamilie:** Hominoidea (Menschenartige)
>   Familie: Hylobatidae (Gibbons)
>   Familie: Hominidae (Große Menschenaffen und Menschen)

Eine andere, ebenfalls gebräuchliche Systematik unterteilt die Primaten nicht in die Unterordnungen Strepsirrhini und Haplorrhini, sondern in Prosimii („Halbaffen") und Simii (oder Anthropoidea, „echte Affen"). In dieser Klassifikation werden die Koboldmakis aufgrund einiger ursprünglicher Merkmale (relativ geringes Hirnvolumen, Putzkrallen an den 2. und 3. Zehen, zweihörniger Uterus) den Halbaffen zugeordnet. Einigkeit besteht heute darüber, dass die Spitzhörnchen (Tupaias) nicht zu den Primaten gehören, unter anderem aufgrund einer anderen Fortpflanzungsbiologie. Sie werden in eine eigene Säugetierordnung (Scandentia) gestellt.

Der von Ernst HAECKEL eingeführte deutsche Name „Herrentiere" für Primaten wird aufgrund seiner unglücklichen Konnotationen in der Fachwissenschaft zunehmend gemieden.

Seite 431

1.

	Schädelform	Stirn	Überaugenwülste
Homo sapiens	rundlich; großer Hirnschädel, kleiner, flacher Gesichtsschädel	hoch	fehlen
Homo erectus	gestreckt; Gesichtsschädel zum übrigen Schädel größer als bei *Homo sapiens*, aber kleiner als bei den anderen Arten	flach	vorhanden
Homo habilis	rundlich; Gesichtsschädel kräftig und leicht vorspringend	flach	vorhanden
Australopithecus africanus	rundlich; Gesichtsschädel kräftig und vorspringend („Schnauze")	flach	vorhanden

Zusatzinformation: Die Annahme, im Laufe der menschlichen Stammesgeschichte sei es zu einer schrittweisen Verflachung des Gesichtsschädels gekommen (Reduktion der „Schnauze"), lässt sich heute angesichts neuerer Funde nicht mehr halten: Sowohl *Sahelanthropus tchadensis* als auch *Kenyanthropus platyops* (flachgesichtiger Kenia-Mensch) zeichneten sich durch einen flachen Gesichtsschädel aus.

Seite 433

1. Der abgebildete Stammbaum ist eher ein vielfach verzweigter „Stammbusch" mit vielen parallel verlaufenden Entwicklungslinien. Die Evolutionsgeschichte des Menschen verlief also nicht so, dass eine höher entwickelte Art eine primitivere ablöste. Dieses „Stufenmodell" steht eher in der Tradition der alten „scala naturae" (vergleiche Seite 374 im Schülerband).

AUFGABEN: Evolutionsbiologie

1 Mundwerkzeuge der Insekten
a)

Insekt	Mandibeln	1. Maxillen	2. Maxillen	Nahrungsaufnahme
Schabe	einfache, ungegliederte, kräftige Kauladen mit gezähnten Rändern zum Beißen und Kauen	Innenladen, die beim Zerkleinern helfen; Außentaster als Geschmackssinnesorgan	Grundglieder zur Unterlippe verwachsen	kauend
Honigbiene	ähnlich der Schabe zum Beißen und Kneten	Außenladen zu rinnenförmigen Scheiden umgewandelt, umhüllen Zunge	Innenladen bilden Zunge, die als Saugrohr dient; Taster zu rinnenförmiger Scheide umgebildet	leckend-saugend
Schmetterling	reduziert	Innenladen lang und halbrinnenförmig, bilden zusammen Saugrohr (in Ruhe aufgerollt)	reduziert, nur Taster erhalten	saugend
Stechmücke	zu Stechborsten umgewandelt	Kauladen zu Stechborsten umgewandelt	Unterlippe bildet Rinne, zusammen mit Oberlippe Führungsrohr für Stechborsten	stechend-saugend

b) Die in der Abbildung im Schülerband mit gleichen Farben dargestellten Teile der Mundwerkzeuge sind homolog. Die Mundwerkzeuge der Schabe stellen einen ursprünglichen Typ dar (plesiomorphes Merkmal; vergleiche Seite 441 im Schülerband). Die Mundwerkzeuge von Bienen, Schmetterlingen und Stechmücken sind abgeleitete (apomorphe) Merkmale, die im Laufe der Evolution durch Anpassung an unterschiedliche Ernährungsweisen entstanden sind.

2 Bedeutung von Fossilien
a) Mit Ausnahme vergleichsweise weniger „lebender Fossilien" unterscheiden sich rezente Lebewesen von Fossilien. Die Geschichte von Fossilien liefert somit direkte Belege dafür, dass sich die Lebensformen im Verlaufe der Erdgeschichte verändert haben.

b) Bereits CUVIER hatte argumentiert, dass die Tatsache, dass sich Lebewesen aus früheren Erdzeitaltern von rezenten Arten unterscheiden, kein Beweis für die Evolution ist, da es theoretisch ebenso möglich ist, dass ausgestorbene Arten durch Neuschöpfungen ersetzt wurden (vergleiche Seite 398 im Schülerband).

c) Der Fund eines präkambrischen Kaninchens würde die Evolutionstheorie in ihrer heutigen Form zweifellos widerlegen: Wenn die Vorfahren der Säugetiere Reptilien waren, kann es unmöglich Säugetiere gegeben haben, bevor es Reptilien gab. Die eigentliche Bedeutung von Fossilien als Beleg für die Evolutionstheorie liegt also in der geordneten Reihenfolge des Auftretens verschiedener Formen.
Zusatzinformation: Belege für die Existenz präkambrischer Kaninchen wurden bislang nicht gefunden. Allerdings behaupten manche Kreationisten, Beweise für die Koexistenz von Menschen und Dinosauriern zu haben. Dies würde der durch eine Vielzahl von Befunden gestützten Auffassung, dass die Radiation der Primaten erst nach dem Aussterben der Dinosaurier erfolgte und die ersten aufrecht gehenden Hominiden erst etwa 60 Millionen Jahre später erschienen, widersprechen. Merkwürdigerweise wurden derartige Beweise, es handelt sich um Fußabdrücke, bislang aber nur an einem einzigen Ort gefunden (am Paluxy-Fluss in Texas); sämtliche anderen Fossilfunde von aufrecht gehenden Hominiden und Dinosauriern (für beide Gruppen sind mittlerweile eine Vielzahl von Fundstätten bekannt) sprechen gegen eine solche Koexistenz.

3 Altersbestimmung von Fossilien
a) Die Halbwertzeit des radioaktiven Kohlenstoffisotops ^{14}C beträgt etwa 5740 Jahre. Da nach dem Tod eines Lebewesens dieses Isotop nicht mehr aufgenommen wird, ist die Menge des noch vorhandenen radioaktiven Kohlenstoffs in einem Fossil ein direktes Maß für dessen Alter. Findet man bei einem Fossil beispielsweise nur noch $1/8$ des ursprünglichen ^{14}C-Gehaltes, so kann man daraus schließen, dass es vor etwa 17 220 Jahren gestorben ist.

b) Wie aus dem Kurvenverlauf ersichtlich wird, ist die messbare Strahlungsintensität nach 50 000 Jahren so gering, dass mit der Radiokarbonmethode eine Altersbestimmung nicht mehr möglich ist.

c) Das Alter eines Dinosauriers lässt sich mit der Kalium-Argon-Methode bestimmen, da die Halbwertzeit von ^{40}K etwa 1,3 Milliarden Jahre beträgt und somit sehr weit in die Erdgeschichte zurückreicht.

Zusatzinformation: Exakte Datierungen erhält man mit der Radiokarbonmethode nur bis zu einem Alter von etwa 35 000 Jahren. Die Kalium-Argon-Methode ist in den letzten Jahren durch eine Variante – die als noch präziser geltende Argon-Argon-Methode ($^{40}Ar/^{39}Ar$) – ergänzt beziehungsweise weitgehend ersetzt worden. Mit beiden Methoden lässt sich das Alter vulkanischer Gesteine ermitteln. Die ältesten bekannten Dinosaurier, die zu den räuberischen Theropoden gehörenden *Eoraptor* und *Herrerasaurus* sowie der zu den Pflanzen fressenden Ornithischiern gehörende *Pisanosaurus*, lebten vor etwa 230 Millionen Jahren.

4 Evolutionsfaktoren

a) DARWIN könnte folgende weitere „Mittel der Abänderung" im Sinn gehabt haben: die Isolation, sexuelle Selektion und Vererbung erworbener Eigenschaften (widerlegt).

b) Weitere, heute bekannte Evolutionsfaktoren sind: Mutation, Rekombination, Genfluss, Gendrift (einschließlich Flaschenhals- und Gründereffekte), horizontaler Gentransfer, Hybridisierung (vor allem bei Pflanzen), Aussterben (insbesondere Massenaussterben), Koevolution und Verwandtenselektion.

5 Zufallsprozesse in der Vererbung

a) Es handelt sich um Gendrift.

b) Der Prozess der Meiose war für die Abweichung vom erwarteten Zahlenverhältnis bei MENDELS Erbsenhybriden verantwortlich. Durch die Halbierung des diploiden Chromosomensatzes bei der Bildung der haploiden Geschlechtszellen ist es (von Ausnahmen abgesehen) vom Zufall abhängig, welches Allel in welche Geschlechtszelle gelangt.

c) Weitere Zufallsphänomene, die den Verlauf der Evolution beeinflussen können, sind: Gründereffekte, Flaschenhalseffekte und Massenaussterben.

6 Populationsgenetik von Erbkrankheiten

a) Da PKU durch ein rezessives Allel verursacht wird, entspricht die Häufigkeit, mit der die Krankheit auftritt, dem Wert von q^2 in der HARDY-WEINBERG-Gleichung. Bei einer Häufigkeit von einer auf 10 000 Geburten ist
$q^2 = 0,0001$.
Damit ist
$q = 0,01$.
Die Häufigkeit des dominanten Allels beträgt entsprechend
$p = 1 - q = 0,99$.
Die Häufigkeit heterozygoter Träger des PKU-Allels, die selbst nicht erkranken, aber das Allel an ihre Nachkommen weitergeben können, liegt bei
$2pq = 2 \cdot 0,99 \cdot 0,01 = 0,0198$.
Knapp zwei Prozent der mitteleuropäischen Bevölkerung sind also Träger des PKU-Allels.

b) Bei einem Selektionskoeffizienten von $s = 0,2$ beträgt die relative Fitness der Betroffenen nach einer Generation
$1 - s = 0,8$.
Entsprechend ist
$q_1^2 = 0,0001 \cdot 0,8 = 0,00008$.
Die Häufigkeit von PKU beträgt also in diesem Fall 8 : 100 000.

c) Sichelzellanämie ist eine Krankheit, die durch eine Genmutation verursacht ist (vergleiche Seite 134 im Schülerband). Bei Sauerstoffmangel (niedrigem Sauerstoffpartialdruck im Blut) nehmen die Roten Blutzellen eine sichelförmige Gestalt an, was eine Reihe schwerwiegender Krankheitssymptome zur Folge haben kann (Anämie, physische Schwäche, Herzversagen, Nierenversagen und anderes mehr). Betroffen hiervon sind vor allem homozygote Träger des Sichelzellgens. Wenn das entsprechende Allel dennoch in bestimmten Regionen weit verbreitet ist, kann dies nur daran liegen, dass heterozygote Träger in diesen Regionen einen Fitnessvorteil haben.

Zusatzinformation: Der Heterozygotenvorteil des Sichelzellgens ist weithin bekannt: Heterozygote Träger des Allels sind gegen Malaria resistent. Aus diesem Grund konnte sich das Sichelzellgen in der schwarzafrikanischen Bevölkerung, die seit langer Zeit in Malariagebieten lebt, ausbreiten. Malaria gab es in historischer Zeit zwar auch in Europa (zum Beispiel in Italien), sie war jedoch dort nie so verbreitet wie auf dem afrikanischen Kontinent. Entsprechend hatten europäische Träger des Allels keinen Heterozygotenvorteil, sondern einen Fitnessnachteil, was zu einer geringeren Verbreitung des Allels führte.

d) Das HARDY-WEINBERG-Gesetz beschreibt eine Population, deren genetische Struktur sich in einem stabilen Gleichgewicht befindet, da Panmixie herrscht, und weder Mutationen noch Gendrift oder Selektion zu einer Veränderung von Allelfrequenzen führt. All dies trifft auf „reale" menschliche Populationen nicht zu. Für das relativ häufige Auftreten von Mucoviscidose und die Tatsache, dass sich trotz eines anzunehmenden Selektionsnachteils die Auftretenshäufigkeit von PKU und Mucoviscidose nicht wesentlich verändert, gibt es daher drei mögliche Erklärungen:

1. Die spontane Mutationsrate und der Selektionsdruck halten sich die Waage.
2. Der vermutete Selektionsdruck ist geringer, als erwartet: Möglicherweise pflanzen sich homozygote Merkmalsträger unter modernen Bedingungen ebenso erfolgreich fort wie Nicht-Betroffene.
3. Heterozygote Träger haben ähnlich wie bei der Sichelzellanämie unter bestimmten Bedingungen einen Heterozygotenvorteil.

Zusatzinformation: Die unter 1 und 2 genannten Hypothesen gelten als unwahrscheinlich, wenngleich PKU zu den Erbkrankheiten gehört, deren Auswirkungen sich durch entsprechende Therapie vollständig verhindern lassen. Als wahrscheinlichste Erklärung gilt derzeit Hypothese 3: Im Falle von PKU gibt es Hinweise dafür, dass das PKU-Allel bei Schwangeren das Risiko eines frühen Abortes oder einer Fehlgeburt verringert (manchen Schätzungen zufolge enden acht von zehn Schwangerschaften durch einen frühen – meist unbemerkten – Abort kurz vor oder nach der Implantation oder eine spätere Fehlgeburt). Sehr wahrscheinlich ist dieser Effekt bei einem Gen, das Jugenddiabetes verursacht: Ist ein Elternteil heterozygot und der andere homozygot für das normale Allel, sollte man erwarten, dass 50 Prozent der Nachkommen Träger des mutierten Allels sind; tatsächlich sind es 66 Prozent. Welcher Heterozygotenvorteil mit dem Mucoviscidose-Gen verbunden ist, ist bislang unbekannt. Allerdings spekuliert man, dass es mit einer erhöhten Überlebensrate bei Durchfallerkrankungen einhergehen könnte.

7 Artbildung auf Galapagos

a) Endemisch (gr. *endemos*, daheim) werden Pflanzen- und Tierarten (oder Unterarten) genannt, deren Verbreitungsgebiet auf ein eng begrenztes Areal wie beispielsweise eine Insel oder Inselgruppe (vergleiche Seite 392 im Schülerband) beschränkt ist. Ozeanische Inseln und Inselgruppen wie das Galapagos-Archipel sind geografisch isolierte und damit schwer erreichbare Areale. Dies sind Bedingungen, die die allopatrische Artbildung fördern (vergleiche Seite 406 im Schülerband).

b) Meerechsen können schwimmen! Aus diesem Grund ist es zwischen den Meerechsen nicht zu einer Unterbrechung des Genflusses und zur reproduktiven Isolation gekommen (vergleiche Seite 408 im Schülerband). Riesenschildkröten können die geografischen Barrieren zwischen den Inseln dagegen weniger leicht überwinden, sodass die einzelnen Populationen reproduktiv voneinander isoliert sind. Dass es bei den Reisratten zur Entstehung neuer Arten gekommen ist, während bei den Schildkröten nur Unterarten unterschieden werden, liegt an den unterschiedlichen Fortpflanzungsraten: Reisratten pflanzen sich sehr schnell fort (schnelle Generationenfolge), Riesenschildkröten sehr langsam (langsame Generationenfolge).

8 Das Rätsel der Pfauenaugen

a) Das auffallende Gefieder des männlichen Pfaus lässt sich mit DARWINs Theorie der sexuellen Selektion erklären: Pfauenweibchen bevorzugen Männchen mit einem besonders prächtigen Gefieder, das heißt, mit besonders vielen und großen Augenflecken. Dies ist ein Indikator für „gute Gene", und die Weibchen können somit ihren Fortpflanzungserfolg erhöhen, wenn sie sich mit solchen Männchen paaren.

b) Zur Erklärung für Augenzeichnungen auf den Flügeln von Schmetterlingen stehen zwei Theorien zur Verfügung: die Theorie der sexuellen Selektion und die Theorie der natürlichen Selektion. Obwohl sexuelle Selektion als Ursache nicht auszuschließen ist, dürfte natürliche Selektion als Erklärung wahrscheinlicher sein, da das Merkmal (im Unterschied zu den Prachtfedern des Pfaus) bei beiden Geschlechtern vorhanden ist. Nach dieser Interpretation schrecken Augen beziehungsweise entsprechende Nachbildungen potenzielle Raubfeinde ab. Es handelt sich also um eine „Schrecktracht", die die Lebenserwartung ihres Trägers erhöht.

Zusatzinformation: Augenflecken finden sich nicht nur auf dem hinteren Flügelpaar verschiedener Tag- und Nachtfalter, sondern auch bei manchen Schmetterlingsraupen, Tintenfischen und Kröten. Häufig werden sie nur (und dann sehr plötzlich) gezeigt, wenn das Tier beunruhigt wird. Die Hypothese, dass sich Raubfeinde (Vögel) durch das plötzliche Zeigen der Augenflecken kurzfristig verunsichern lassen, konnte experimentell bestätigt werden. Auch die Evolution der „Augen" beim Pfau hat vermutlich ihren Ursprung in der Tatsache, dass das sensorische System vieler Tierarten besonders empfindlich auf die Wahrnehmung augenähnlicher Strukturen reagiert, da plötzliches Fixiertwerden immer eine potenzielle Gefahr darstellt.

c) Die Skepsis, die in der Behauptung zum Ausdruck kommt, „die Schönheit der Lebewesen scheint sich hartnäckig gegen eine Erklärung unter einem bloßen evolutionären Nützlichkeitsaspekt zu sperren", beruht auf dem weit verbreiteten Irrtum, dass der Begriff „nützlich" im evolutionsbiologischen Kontext gleichbedeutend mit „nützlich für die Arterhaltung" oder auch „nützlich für das betreffende Individuum" ist. In diesem Sinne ist das Prachtgefieder des männlichen Pfaus (ebenso wie zahlreiche andere Merkmale) zweifellos nicht nützlich, sondern eher schädlich, da derart ausgestattete Männchen eher Raubfeinden zum Opfer fallen: Die lange Federschleppe ist ein Handicap. „Nützlich" ist das Merkmal allein für die Fitness des Pfaus – und damit für seine Gene, die in der nächsten Generation in größerer Anzahl vertreten sein werden als die von Männchen, die nicht über dieses Handicap verfügen oder bei denen das Handicap weniger stark ausgeprägt ist. Dieser Nützlichkeitsbegriff lässt sich auch auf Merkmale übertragen, die durch Verwandtenselektion oder im engeren Sinne durch natürliche Selektion entstanden sind: Auch ein Merkmal, das die Lebenserwartung seines Trägers erhöht, ist im evolutionsbiologischen Kontext nur „nützlich", wenn sich dies in einem erhöhten Fortpflanzungserfolg niederschlägt.

Hinweis: Das benutzte Zitat stammt aus dem Werk: R. JUNKER und R. SCHERER (Hrsg.): Evolution. Ein kritisches Lehrbuch. Weyel Lehrmittel Verlag, Gießen, 1998.

9 Umwelten evolutionärer Angepasstheit

a) Die Umwelt, in der der anatomisch moderne Mensch *(Homo sapiens)* vor 200 000 bis 150 000 Jahren entstand und an die sein verhaltenssteuernder Apparat angepasst war, unterschied sich von der Umwelt, in der die meisten Menschen heute leben. Kleinkinder, die sich in dieser Umwelt weder vor Raubtieren gefürchtet haben noch davor, sich allein im Dunkeln draußen aufzuhalten, dürften keine allzu große Lebenserwartung gehabt haben – und damit nicht zu unseren Vorfahren gehören. BOWLBYs Konzept der Umwelt der evolutionären Angepasstheit erklärt also, warum sich auch heute noch Menschen vor Dingen fürchten, die in der heutigen Umwelt keine Gefahr mehr darstellen.

b) Aufgrund ihrer geografischen Isolation gibt es auf ozeanischen Inseln nur relativ wenige Säugetierarten und meist, wie auf Galapagos, keine einzige landlebende Raubsäugerart. In der Umwelt der evolutionären Angepasstheit, in der ozeanische Arten entstanden sind, gab es also keinen Grund, sich vor größeren Landraubtieren zu fürchten. Dies erklärt ihre Zutraulichkeit. Als die ersten Seefahrer auf den Inseln landeten, hatten sie daher leichtes Spiel, sich mit Proviant zu versorgen. Vor allem große Tierarten, die sich zudem durch geringe Fortpflanzungsraten auszeichnen, konnten sich an diese neuartige Gefahr nicht schnell genug anpassen und starben aus.

c) In der Umwelt der evolutionären Angepasstheit des Menschen gab es keine Schokoladentorten, Überraschungseier oder Hamburger; Zucker, Salze und Fette waren ebenso schwer zu bekommen wie lebenswichtige und daher begehrte Nährstoffe, während an unverdaulichen Ballaststoffen wie pflanzlichen Fasern kein Mangel war. Das Ernährungsverhalten moderner Großstadtmenschen ist somit nicht an die Umwelt angepasst, in der sie leben, sondern an die, in der ihre Vorfahren gelebt haben.

10 Alte und neue Seuchen

a) Nach der Theorie LAMARCKs sollten Resistenzen dadurch entstehen, dass sich Krankheitserreger an veränderte Umweltbedingungen wie neue Medikamente oder potenzielle neue Wirte im Laufe ihres individuellen Lebens anpassen, das heißt durch Gebrauch oder Nicht-Gebrauch bestimmte Merkmale verändern und dann diese erworbenen Merkmale an ihre Nachkommen vererben.

Nach DARWINs Theorie ist die Entstehung von Resistenzen und neuartigen Infektionskrankheiten dagegen das Ergebnis individueller genetischer Variation und natürlicher Selektion: Die hohe Vermehrungsrate der meist sehr kleinen Erreger begünstigt durch Mutation oder Rekombination die Entstehung einzelner Individuen, die gegen bestimmte Wirkstoffe resistent sind oder eine neue Art als Wirt nutzen können (also beispielsweise von einer Tierart auf den Menschen „überspringen" können). Da die erbliche Resistenz die Überlebens- und Fortpflanzungschancen des Erregers beeinflusst, haben resistente Stämme einen Selektionsvorteil. Sie werden sich in der Population ausbreiten.

b) Der Begriff der Koevolution bezeichnet einen wechselseitigen Anpassungsprozess zwischen zwei Arten oder auch zwischen verschiedenen Mitgliedern einer Art (beispielsweise Männchen und Weibchen). Durch Koevolution sind unter anderem wechselseitige Angepasstheiten von Blütenpflanzen und ihren Bestäubern entstanden. Koevolution beeinflusst aber auch die Evolution von Räubern und ihrer Beute oder von Parasiten und ihren Wirten. In solchen Fällen spricht man von einem evolutionären „Wettrüsten", da jede Anpassung eines Räubers oder eines Parasiten, die diesem einen Selektionsvorteil verleiht, einen Selektionsdruck auf die jeweilige Beute oder den Wirt ausübt, Merkmale zu entwickeln, die diese in die Lage versetzt, „gleichzuziehen". Dieses „Gleichziehen" übt wiederum einen Selektionsdruck auf den Räuber beziehungsweise Parasiten aus. Auf diese Weise kommt es zu einer „Rüstungsspirale", die prinzipiell indefinit ist und bei der es auf längere Sicht weder Gewinner noch Verlierer gibt.

Zusatzinformation: Begriffe wie „Wettrüsten" oder „Rüstungsspirale" werden gelegentlich als unzulässige Anthropomorphismen kritisiert, sind in der Fachwissenschaft aber längst etabliert, da sie komplexe Prozesse transparent und verständlich machen. Allerdings sollte den Schülerinnen und Schülern deutlich werden, dass diese Begriffe im vorliegenden Kontext kein bewusstes und geplantes Handeln implizieren, sondern nur als funktionelle Analogien verstanden werden dürfen.

c) Sexualität ist ein Prozess, bei dem durch die Vereinigung genetischen Materials zweier Individuen neue, genetisch einzigartige Individuen erzeugt werden. Dies hat zur Folge, dass sich das Immunsystem der Nachkommen untereinander und von dem ihrer Eltern unterscheidet. Parasiten, die darauf angewiesen sind, das Immunsystem ihrer Wirte zu überwinden, stehen damit in jeder Wirtsgeneration gleichsam vor neuen Schlössern, für die sie keine fertigen Schlüssel haben.

11 Kooperation und Konkurrenz

a) Beispiele für Kooperation und gegenseitige Hilfe in der Natur sind:

Kooperation zwischen Arten: Symbiosen, Mutualismus (vergleiche Seite 239 und Seite 417 im Schülerband);

Kooperation zwischen Artgenossen: Kooperation bei der Jagd oder der Verteidigung gegen Raubfeinde (vergleiche Seite 356f. im Schülerband);

altruistisches Verhalten: Warnrufe, kooperative Aufzucht (vergleiche Seite 361, Seite 368 und Seite 414f. im Schülerband).

b) Kooperation ist ein Mittel, die eigene (Gesamt-)Fitness zu maximieren, wenn ein bestimmtes Ziel, wie die Verteidigung oder Erlangung einer Ressource, der Schutz vor Raubfeinden oder die Aufzucht der Nachkommen gemeinschaftlich eher gelingt als allein. Ein Wolf, der nicht mit anderen Wölfen gemeinschaftlich jagt, wird weniger Beute machen und damit einen Fitnessverlust erleiden.

c) Wenn Kooperation und Altruismus Strategien sind, die eigene (Gesamt-)Fitness zu maximieren, stehen diese Phänomene zwangsläufig nicht im Widerspruch zu DARWINs Theorie, sondern im Einklang mit ihr. Tiere (und Menschen) haben Selektionsvorteile, wenn sie unter bestimmten Umständen, wenn Ressourcen beispielsweise teilbar sind, mit Artgenossen oder sogar Angehörigen anderer Arten kooperieren. Ein Wolf, der mit anderen bei der Jagd kooperiert, erhöht zwar auch die Fitness seiner Rudelgenossen, müsste aber einen sehr viel höheren Fitnessverlust in Kauf nehmen, wenn er alleine auf Jagd ginge.

12 Stammbaumrekonstruktion

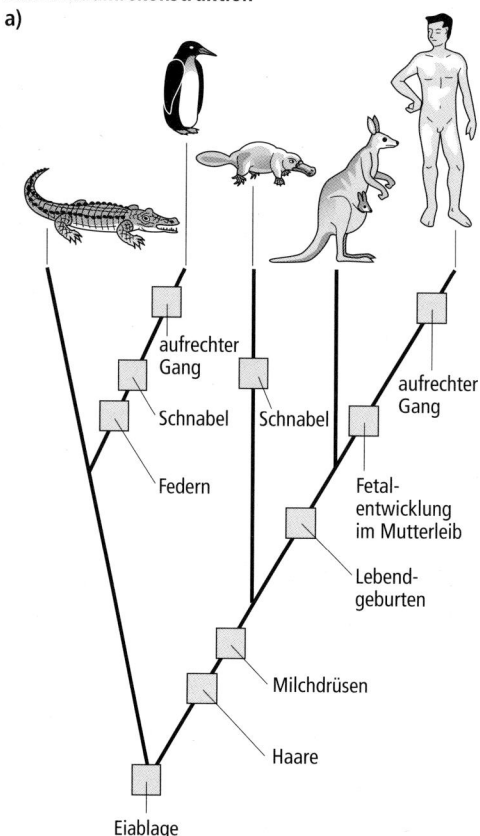

a)

b) Milchdrüsen und Haare sind plesiomorphe Merkmale der Säuger. Lebendgeburten treten erst bei den Beuteltieren auf und sind damit ein plesiomorphes Merkmal nur für die so genannten Theria, Beuteltiere und Plazentatiere. Die Fetalentwicklung im Mutterleib tritt erst bei den Plazentatieren auf und ist für die Säugetiere insgesamt also ein apomorphes Merkmal, für die Plazentatiere ein plesiomorphes Merkmal. Der für den Menschen typische aufrechte Gang ist ein apomorphes Merkmal.

c) Sowohl Pinguin als auch Schnabeltier besitzen einen Schnabel, Pinguin und Mensch haben den aufrechten Gang gemeinsam. In beiden Fällen handelt es sich nicht um Synapomorphien, sondern um voneinander unabhängig entstandene Ähnlichkeiten.

d) Andere Methoden, Stammbäume zu rekonstruieren, sind die Aminosäuresequenzanalyse von Proteinen oder DNA-Analysen.

13 Vom Affen zum Menschen

a) Auf die Frage, ob der Mensch „vom Affen abstammt", kann es zwei prinzipiell mögliche Antworten geben:
1. „Ich glaube nicht, dass der Mensch vom Affen abstammt."
2. „Ich halte die Beweise für erdrückend, dass der Mensch vom Affen abstammt."

Die erste Antwort bezieht eine kreationistische Position: Sie beruft sich allein auf den Glauben beziehungsweise die biblische Genesis, nach der Menschen und Affen das Ergebnis getrennter Schöpfungsakte sind. Diese Position wird heute, zumindest von der katholischen Kirche, nicht mehr vertreten.

Die zweite Antwort bezieht eine wissenschaftliche Position: Sie berücksichtigt Erkenntnisse aus der Paläontologie, der Molekulargenetik, der vergleichenden Morphologie und anderer Wissenschaften. Angesichts der zitierten Aussage mag die zweite Antwort überraschend klingen, allerdings gibt es keine wissenschaftlich vertretbare Alternative: Wenn der Mensch nicht vom Affen abstammt, von welchen Tieren oder anderen Lebewesen stammt er dann ab?

Zusatzinformation: Die heute lebenden Menschenaffen und der Mensch hatten gemeinsame Vorfahren. Diese aus wissenschaftlicher Sicht richtige Aussage wird durch zahlreiche Befunde, beispielsweise aus der Molekulargenetik (vergleiche Abbildung 429.1 D im Schülerband) gestützt. Die Vorfahren waren Affen, wenngleich selbstverständlich keine der heute lebenden (rezenten) Affen- und Menschenaffenarten zu den Vorfahren des Menschen zählt. Der direkte Vorfahr der Gattung *Homo* ist zweifellos unter den Australopithecinen zu suchen; nur die heute meist zur Gattung *Paranthropus* vereinigten „robusten" Australopithecinen fallen als mögliche Vorfahren aus. Über die direkten Vorfahren der afrikanischen Menschenaffen und der Australopithecinen ist wenig bekannt. Die gemeinsamen Vorfahren der rezenten Menschenaffen und des Menschen waren die Propliopithecidae (bekanntester Vertreter ist *Aegypto-*

pithecus), eine Gruppe von Primaten, die vor etwa 35 Millionen Jahren lebte und auch als Basisgruppe der „geschwänzten" Altweltaffen gilt.

Die der Aufgabe vorangestellte Abbildung („Vom Affen zum Menschen") ist neben der Tatsache, dass die Evolution des anatomisch modernen Menschen keine geradlinige Entwicklungsreihe war, in mehrfacher Hinsicht irreführend: Erstens zählt *Ramapithecus*, der heute der Gattung *Sivapithecus* zugeordnet wird, nach heutigen Erkenntnissen nicht zu den direkten Vorfahren des Menschen, sondern vermutlich zu denen des Orang-Utans. Zweitens gibt es keinerlei Hinweise, dass *Ramapithecus* aufrecht ging. Die Vermutung, dass es sich bei *Ramapithecus* um einen Vorfahren des Menschen handeln könnte, beruhte auf der fehlerhaften Rekonstruktion eines Kiefers. Drittens gehört, zumindest nach Ansicht der Mehrzahl der Paläoanthropologen, auch der Neandertaler nicht zu den direkten Vorfahren des anatomisch modernen Menschen, sondern zu einem evolutionären Seitenzweig.

b) Die obige Abbildung ist kein Stammbaum beziehungsweise keine Stammbaumrekonstruktion wie die Abbildung auf Seite 433, sondern stellt eher eine „Stufenleiter" (scala naturae) dar.

c) Ein starker Sexualdimorphismus in Größe und Gewicht deutet darauf hin, dass die Australopithecinen, ähnlich wie die heute lebenden Gorillas, ein polygynes Paarungssystem hatten (vergleiche Abbildung 401.3 im Schülerband).

Hinweis: Das benutzte Zitat stammt aus dem Werk: U. KUTSCHERA, Evolutionsbiologie. Eine allgemeine Einführung. Berlin, 2001.

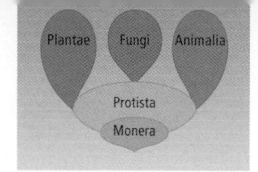

Das System der Lebewesen

1 Ein Überblick

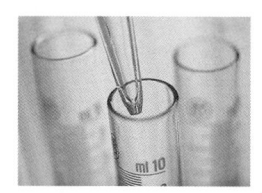

Angewandte Biologie

1 Gentechnik

Seite 454

EXKURS: Der genetische Fingerabdruck

1. Die Bandengrößen lassen sich an den Schnittstellen der Restriktionsenzyme in der Abbildung erkennen.
Die Banden der Mutter:
Obere Bande: 3,5 kb + 1,5 kb = 5 kb
Untere Bande: 1 kb
Die Banden des Kindes:
Obere Bande: 3,5 kb + 1,5 kb + 1 kb = 6 kb
Diese Bande wurde vom Vater geerbt.
Mittlere Bande: 3,5 kb + 1,5 kb = 5 kb
Diese Bande wurde von der Mutter geerbt.
Untere Bande: 1 kb
Diese Bande wurde von der Mutter geerbt.
Die Banden vom potenziellen Vater A:
Obere Bande: 3,5 kb
Untere Bande: 1,5 kb + 1 kb = 2,5 kb
Die Bande vom potenziellen Vater B:
Einzige Bande: 6 kb
Durch den Vergleich der Banden des Kindes mit denen der Mutter und der potenziellen Väter ist auszuschließen, dass Vater A der Vater des Kindes ist. Vater B kommt als Vater infrage und sollte, sofern nicht noch andere Männer als Väter infrage kommen, der Vater des Kindes sein.

Seite 456

AUFGABEN: Methoden der Gentechnik

1 **Restriktionsenzyme**
a)
```
         1           10           20           30
5' ATTGCGTAGGCTTAAGTCTAGTTGGAATTC
3' TAACGCATCCGAATTCAGATCAACCTTAAG
        31           40           50           60
   TATGGCCAGTCCTGAACAGAATTCAAAAGA
   ATACCGGTCAGGACTTGTCTTAAGTTTTCT
        61           70           80           90
   TCAAAGTTGTGGGGCTTCTCTACCCTTGAA
   AGTTTCAACACCCCGAAGAGATGGGAACTT
        91          100          110          120
   TTCGGCCCTAAGTCTTAACCGGAATTCTTG
   AAGCCGGGATTCAGAATTCGGCTTAAGAAC
       121          130          140          150
   ATTCCGTTGGTATTCCTTAAGCCCCTTAAG  3'
   TAAGGCAACCATAAGGAATTCGGGGAATTC  5'
```
b) Es entstehen fünf Fragmente mit folgenden Längen:
1. Fragment 25 bp
2. Fragment 20 bp
3. Fragment 35 bp
4. Fragment 20 bp
5. Fragment 34 bp

c)

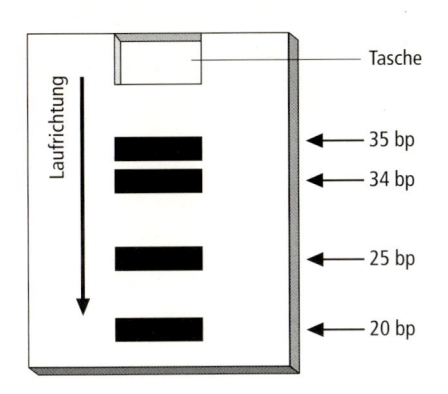

Laufrichtung →

- Tasche
- ← 35 bp
- ← 34 bp
- ← 25 bp
- ← 20 bp

d) Wenn ein DNA-Stück von 150 bp-Länge mit einem Restriktionsenzym geschnitten wird, dann entsteht jedes Fragment mit der vorgegebenen Länge einmal. Ein Fragment je vorgegebener Länge würde aber nicht ausreichen, um es nach einer Gel-Elektrophorese nachweisen zu können. Ein praktisches Verfahren wäre es, das DNA-Stück mit entsprechenden Primern in einer PCR zu vermehren und anschließend mit Restriktionsenzymen zu schneiden. Die hierbei entstehenden Massen an Fragmente könnten sogar ohne radioaktive Markierung der Fragmente direkt im Gel durch eine Färbelösung (zum Beispiel mit Ethidiumbromid unter UV-Licht) sichtbar gemacht werden. Dies ist dann möglich, wenn nur das über PCR vermehrte 150 bp lange DNA-Stück geschnitten wurde. Wäre genomische DNA geschnitten worden, würde der DNA-Schmier keine einzelnen Banden durch Färbung kenntlich werden lassen. In diesem Fall wäre die gesamte Bahn markiert.

e) An jeder Stelle der DNA können vier Basen eingebaut sein. Damit ist die Wahrscheinlichkeit für das Auftreten einer bestimmten Abfolge von vier Basen $\left(\frac{1}{4}\right)^4 = \frac{1}{256}$. In einer 150 bp langen Sequenz ist mit $\frac{150}{256} \approx 0{,}59$, also mit einer Wahrscheinlichkeit von etwa 59 Prozent mit einer bestimmten Abfolge von vier Basen, hier 5´ CCGG 3´, zu rechnen.

f) Tatsächlich findet sich in der 150 bp langen Sequenz eine Schnittstelle (Basenpaare 109 bis 112).

2 DNA-Sequenzanalyse

a) Bei der Kettenabbruchmethode nach SANGER synthetisiert eine DNA-Polymerase einen Komplementärstrang zu einem der beiden Einzelstränge, die man sequenzieren möchte. Die DNA-Synthese wird unterbunden, wenn modifizierte Nucleotide (Didesoxyribonucleotide, dd-Nucleotide) eingebaut werden. Da der Einbau zufällig geschieht, entsteht ein vollständiger Satz von Fragmenten, die jeweils um ein Nucleotid verkürzt sind.

b) GACCATGGATTTCAGCATATGTG

c) Bei der Sequenzierung wird nicht jedes Fragment gleich oft gebildet, da der Einbau des Abbruch-Nucleotids ein Zufallsprozess ist und gewissen Schwankungen unterliegt. Dadurch unterscheidet sich die Intensität der fluoreszierenden Signale, was sich in unterschiedlichen Amplituden niederschlägt.

d) Bei der radioaktiven Markierung des Primers ist jedes Fragment durch den Primer markiert. Würde man nun alle vier Ansätze mit den verschiedenen Abbruch-Nucleotiden in einer Bahn elektrophoretisch auftrennen, würde man zwar im Autoradiogramm in geordneten Abständen Banden erkennen, jedoch durch die gleichen radioaktiven Signale nicht mehr den einzelnen Abbruch-Nucleotiden zuordnen können. Bei der Fluoreszenzmarkierung hingegen können die vier Abbruch-Nucleotide eindeutig zugeordnet werden, weil die Markierung jedes einzelnen Abbruch-Nucleotids mit einem unterschiedlichen Fluoreszenzmarker erfolgt.

Selbstverständlich wäre es möglich, bei der Fluoreszenzmarkierung die Elektrophorese auch in vier Bahnen laufen zu lassen. Dieser erhöhte Materialverbrauch (größere Gele) würde aber keinen Nutzen bringen, denn die Fragmente unterscheiden sich ja nicht nur durch ihre Markierung, sondern auch in ihrer Länge um mindestens eine Base, sodass garantiert ist, dass am Messfühler beziehungsweise Detektor immer nur ein Fragment zu einer Zeit vorbeiwandert. Ein weiterer Vorteil der Fluoreszenzmarkierung besteht darin, dass die Fragmente am Ende des Gels hinauslaufen können, da ihr Vorbeiwandern am Detektor bereits zur Feststellung der Sequenz ausreicht. Ein Auswandern der Banden nach der Methode mit radioaktiv markierten Primern würde diese Abschnitte einer Sequenzierung unzugänglich machen. Auch die im oberen Bereich des Gels liegenden Fragmente können häufig nicht ausgewertet werden, da die Auftrennung hier noch nicht detailliert genug erfolgte.

3 Auswertung eines Autoradiogramms

a) GACCATGGATTTCAGCATAGTGTG

b) Die Sequenz aus dem Autoradiogramm ist um ein Nucleotid länger (20. Nucleotid, Base G). Dieser Befund deutet entweder auf einen Sequenzierfehler – und macht eine Wiederholung notwendig – oder weist auf eine Punktmutation in einer der zwei Sequenzen, in der ein Nucleotid hinzugekommen (Insertion) beziehungsweise verloren gegangen (Deletion) ist.

c) Die Polymerase synthetisiert an der einzelsträngigen DNA einen komplementären Strang. Die Synthese in der „A-Bahn" bricht genau dann ab, wenn das entsprechende Didesoxyribonucleotid, das „Abbruch-Nucleotid" ddATP, eingebaut wird. Da der Einbau zufällig geschieht, kommt dies an allen Stellen in der Sequenz vor, an denen ein dATP beziehungsweise ddATP eingebaut werden kann. So entstehen die entsprechend langen Syntheseprodukte im Sequenziergel und ergeben das sichtbare Bandenmuster.

Angewandte Biologie

2 Reproduktionstechnik

Seite 462

1. In einem Zyklus kommt es normalerweise nur zur Reifung eines einzigen Follikels. Infolge der Hormonbehandlung zur Vorbereitung der IVF reifen jedoch zahlreiche Follikel heran, deren Eizellen in-vitro befruchtet werden. Von diesen so befruchteten Eizellen werden anschließend mehrere in die Gebärmutter übertragen, um die Wahrscheinlichkeit einer erfolgreichen Einnistung zu erhöhen. Weil sich aber auch mehrere Eizellen gleichzeitig einnisten können, was durch die unterstützende Hormontherapie noch begünstigt wird, sind Mehrlingsschwangerschaften relativ häufig.

Seite 465

EXKURS: Problematik der Reproduktionstechnik beim Menschen

1. *NRW:*
Nach der Zulassung des therapeutischen Klonens in Großbritannien soll auch in Deutschland die Stammzellforschung zur Sicherung der internationalen Wettbewerbsfähigkeit gefördert werden. Allerdings sind ethische Grundsatzfragen noch umstritten.
Professor Jens REICH, Bild der Wissenschaft:
Die Individualität eines Menschen wird nur zu einem Teil durch seine genetische Ausstattung bestimmt, ebenso wichtig sind soziale Faktoren wie die Erziehung. Auch die Menschenwürde wird durch identische Erbmerkmale, wie sie durch Klonen entstünden, nicht berührt, da es mit eineiigen Zwillingen bereits natürliche menschliche Klone gibt.
Kölner Stadtanzeiger:
Um einen Knochenmarkspender für ihr todkrankes Kind zu gewinnen, sollen durch künstliche Befruchtung aus den Keimzellen der Eltern in-vitro Embryonen gezüchtet werden. Aus diesen soll mittels einer genetischen Überprüfung ein geeigneter potenzieller Spender ausgewählt und in den Mutterleib übertragen werden. Das ausgetragene Kind würde nach Meinung von Kritikern somit als „Ersatzteillager" für das kranke dreijährige Kind dienen.
Spiegel online:
Das Europäische Patentamt hat ein der Universität Edinburgh erteiltes Patent zur Gewinnung embryonaler Stammzellen widerrufen, gegen das 14 Parteien, darunter auch Regierungen europäischer Staaten, Einspruch eingelegt hatten. Das Patent umfasste die Züchtung menschlicher und tierischer Embryonen. Dagegen wurde der Patentschutz zur Vermehrung adulter Stammzellen bestätigt.

2. Eindeutig für das Klonen von Menschen argumentiert Professor REICH in seinem Artikel. Er stellt das Klonen als einen Vorgang dar, der bereits natürlicherweise millionenfach erfolge und demzufolge keiner Diskussion zumindest hinsichtlich der Menschenwürde mehr bedürfe. Zudem sei der Mensch lediglich zu einem Teil das Produkt seiner Gene, die überwiegend nur die äußeren Merkmale bestimmten.
Inhaltlich neutral geben sich die drei übrigen Artikel; es wird keine eindeutig befürwortende oder ablehnende Position bezogen. Die Überschrift „Rücknahme des Teufelspatents ist ein Sieg der Menschlichkeit" stellt ein Zitat dar, das zwar eine polemisierende Verurteilung des diskutierten Patents enthält, im Text aber keine Entsprechung findet und durchaus zur Kritik unsachlicher Äußerungen anregen könnte, vielleicht aber auch nur als Interesse weckender „Aufreißer" gewählt worden ist. Auch im Artikel des Kölner Stadtanzeigers wird durch das Setzen von Anführungszeichen („Designer-Baby", das „richtige" Kind, „Ersatzteillager") Distanz zu den wertenden Formulierungen ausgedrückt, und im Text, der 2001 in Nordrhein-Westfalen erschienen ist, werden drei ethische Fragestellungen neutral angesprochen.

3. –

3 Biotechnik

Seite 467

1. Aspekte zur besonderen Eignung von Einzellern für die Biotechnik könnten sein:
– Zwischen- und Endprodukte von Einzellern sowie die Zellen selbst stellen wertvolle Rohstoffe zur Weiterverarbeitung dar.
– Landwirtschaft, Lebensmittelindustrie, Chemische und Pharmazeutische Industrie sowie Bergbau und Umweltschutz sind wichtige Anwendungsbereiche.
– Ihre große relative Oberfläche sowie ihre leichte Kultivierbarkeit und hohe Vermehrungsrate machen sie sehr geeignet für den industriellen Gebrauch.
– Ihre Eigenschaften durch Züchtung oder gentechnische Manipulation lassen sich spezifisch an die jeweiligen Erfordernisse anpassen.

Seite 471

1. Arbeitsschritte von der Synthese des Insulin-Gens bis zum biotechnisch produzierten Medikament:
– Synthese der Sequenz für das menschliche Insulin-Gen mit zwei flankierenden Schnittstellen für ein Restriktionsenzym links und rechts des Gens